U0002457

酵素全書

Enzyme Nutrition
The Food Enzyme Concept

吃對酵素，掌握健康、
抗老、瘦身關鍵力

酵素之父
艾德華・賀威爾 —— 著
張美智 —————— 譯

※本書原名為《酵素全書》，現更名為《酵素
　全書：吃對酵素，掌握健康、抗老、瘦身關
　鍵力》。

Contents 目錄

◆〔前言〕004

◆〔簡介〕006

◆〔第一章〕酵素營養簡介·····················013

◆〔第二章〕能延年益壽的食物酵素··········033

◆〔第三章〕酵素的真實面貌·····················057

◆〔第四章〕兩項重大發現··························089

◆〔第五章〕致命的加工過程·····················113

◆〔第六章〕善用酵素為健康加分··············155

◆〔第七章〕生食鮮為人知的事實···············189

◆〔第八章〕酵素的救援功能——斷食的奧秘··········203

◆〔第九章〕正視脂肪酶的重要性·····················229

◆〔附錄 A〕酵素、土壤與農業·····················249

◆〔附錄 B〕梅納德‧莫瑞醫師的研究貢獻··········253

前言

　　我本人專注於營養、保健及相關主題的研究與報導，也創作了二十多本相關書籍，因此，對於能夠為大家介紹艾德華・賀威爾醫師在本書所揭示的食物酵素觀念，我倍感榮幸。在此，我先說明我之所以有幸介紹這本傑作的原因。我曾在一分於維吉尼亞州夏洛茲薇爾鎮發行的《健康檢閱通訊》（*Health-view Newsletter*）上，讀到一篇賀威爾醫師針對食物酵素所接受的訪談。這篇訪談的內容令我印象深刻，於是我徵詢該刊物的編輯，希望對方能同意我在我擔任特約撰稿人的《讓我們活得精彩》雜誌（*Let's LIVE*）上撰寫一篇有關賀威爾醫師及酵素的文章。在取得對方的同意後，我寫了篇文章發表在一九七七年六月的《讓我們活得精彩》上。讀者們對於這項說明酵素有益健康及延年益壽的訊息反應極為熱烈，該雜誌的編輯甚至表示：「這篇文章可能是《讓我們活得精彩》有史以來吸引最多迴響的文章。」我確信一切都歸功於在日常飲食中使用酵素的效益，這也正是賀威爾醫師在本書所揭露的重點。由於之後有許多聽過酵素相關資訊的新舊訂戶提出要求，這篇文章又再次出現在一九八〇年八月出刊的《讓我們活得精彩》上。在撰寫刊登於一九七七年六月的文章時，我們僅能參考發表在《健康檢閱通訊》及《讓我們活得精彩》上的資訊。當時我有聽說賀

威爾醫師正針對這個主題創作一本完整的書籍，有許多科學家及醫師都寫信向我詢問進一步的資訊及賀威爾醫師的地址。當時他尚未完成本書，現在總算大功告成，而酵素如何幫助人類（及動物）健康的完整內容也終於被公諸於世。

　　本書為營養與保健的發展過程再添新頁，讓不論是科學家、醫師或是各位讀者都得以一窺究竟。

琳達・克拉克（M. A.）

簡介

　　二十世紀初，卡西米爾・芬克（Casimir Funk）發現了維生素對人類營養及健康是不可或缺的。數年後，研究人員著手探索當時仍妾身未明的礦物質與微量元素對人體健康的重要性，而營養學的領域也再次展開新頁。本書則試圖探討自維生素、礦物質及微量元素以來最重要的營養發現，也可能是目前我們健康危機的唯一解答——食物酵素。不論是科學家或營養學家，一直以來都殫精竭慮地試圖釐清食物酵素在營養與人類健康中的功能，因為酵素在化學與生物兩方面都能發揮功效，但科學卻無法測量、合成其生物或生命能量。

　　這種生物力量是每種酵素的特有核心，諸如生命能量、生命力量、生命原理、活力、生命力、力氣及神經能量等名稱都曾被用來形容這種能量。如果缺乏酵素的生命能量，我們將只是一堆無生命的化學物質——維生素、礦物質、水及蛋白質。在維持健康與治療方面，酵素（也唯有酵素）能發揮實際的效用，也就是我們在代謝中所稱的人體勞動力（Body's Labor Force）。

　　本書指出，我們每個人在出生時都被賦予一分有限的身體酵素能量。這分能量類似我們剛買的新電池，而且這分補給必須維持終生。愈快耗盡我們能量，壽命就愈短。在我們一生中，有大量的能量都被隨意地浪費掉了。烹煮食物、以化學物

質加工後再食用，以及食用酒精、藥物及垃圾食物等，都會從我們有限的補給中抽乾為數可觀的酵素。經常感冒、發燒以及暴露在過冷或過熱的溫度下也會消耗我們的補給。當身體處於如此脆弱、酵素不足的狀態，就會成為癌症、肥胖、心臟病或其他退化問題的首要目標。以這種殘害身體的方式生活通常會遭遇中年死亡的悲劇。

　　本書的主旨在於教育科學家、保健運動者與一般民眾在賀威爾醫師稱之為「食物酵素概念」中的酵素理論。除了他的另一本著作《消化及代謝時食物酵素的變化》（*The Status of Food Enzymes in Digestion and Metabolism*）之外，這是首次為證明生食對人類營養的必要性而進行的重大科學性嘗試。他在書中說明了何謂酵素、酵素如何維持我們的生命，以及現今酵素不足是飲食習慣不良所造成的。賀威爾博士以一種極為流暢而輕鬆的口吻，揭露現代醫學在治療疾病方面開倒車的做法，以及無法根治問題的失敗經驗。他的結論是，人類所罹患的致命性退化疾病中，即便不是全部，也有大部分應歸咎於過度食用酵素不足的熟食及加工食品。由於許多大學及私人研究計畫已投入數億美元的研究經費，因此，當我們了解造成健康危機的原因竟如此簡單，似乎頗令人吃驚。然而，我們必須尊重賀威爾醫師及數百位參與研究的學者的結論，因為，這對於人類營養、退化疾病及老化問題等領域是項重大貢獻。

　　本書第一章為大家概述「食物酵素概念」。接下來則探討

酵素中令人難以理解的生命原理，以及賀威爾醫師稱之為酵素帳戶或潛能的概念。我們每個人在出生時都被賦予一分有限的酵素能量，而且一生只擁有這些補給量。他的理論是，人類只要捍衛自己珍貴的酵素，避免其流失，即可活得更久，而重要範例即是大自然中的野生動物。統計上來說，野生動物的生命力一般都比人類強，而且會導致其自然死亡的原因屈指可數。賀威爾醫師接著證明，對實驗室中的動物及人類而言，身體的酵素耗損與老化之間有著極為密切的關係。

第三章則說明何謂酵素以及酵素在人體中的作用。酵素是負責每種生命活動的工人，即便是思考都需要酵素。第三章還列出了食物中的酵素成分，並詳細說明酵素在世界各地傳統食物中的應用情形。此章也證明動物如何經由掩埋或覆蓋食物來控制食物的酵素能量，此舉可讓動物在返回食用前先由食物酵素進行預消化的程序，藉以保留自己體內的寶貴酵素。

第四章探討兩項重要發現，即「食物酵素胃」以及「消化酵素適應性分泌法則」（Law of Adaptive Secretion of Digestive Enzymes）。後者是指人體會根據食物的特性來分泌所需酵素的量及種類。這種觀點取代了酵素平行分泌的錯誤理論，平行分泌理論主張，無論吃下何種食物，也不論是生食或熟食，有機體的三種主要酵素（蛋白酶、脂肪酶、澱粉酶）分泌量都相同。存在於動物及人體中的食物酵素胃是「食物酵素概念」的重要關鍵。賀威爾證明，以前被認為是人類胃中「閒置」的責

門部位其實是一種非屬腺體的食物酵素胃，大量的澱粉及其他營養素在經歷一般人所熟悉的消化作用之前，會由唾液澱粉酶及食物酵素進行約一小時的預消化。鳥類、蛀蟲及蚱蜢的嗉囊，或是牛、羊及其他反芻動物的前胃，以及鯨魚龐大的非腺體前胃，都屬於動物的食物酵素胃。

有一項致命性的加工過程可能是造成所有人類罹患疾病的原因。猜到了嗎？那就是食物的烹調過程，這也是第五章的主題。以48℃以上的溫度長時間加熱就會破壞酵素，烹調溫度更足以完全摧毀食物中的酵素。烹調過後的食物完全不含酵素，這便是現代社會飲食所含酵素不足的主因。由於我們必須大量提領體內的酵素來消化幾近全熟的食物，不難想見，我們即使只到中年就會因缺乏酵素而出現代謝問題——大量提領卻吝於儲蓄終將導致破產。不幸的是，這種對體內代謝酵素的非自然性耗損，對於腺體及包括腦部在內的主要器官所造成的不良影響最大。賀威爾證實，胰臟為了滿足身體對胰液的大量需求會腫脹起來，其他腺體也會跟著發生異常，而腦部實際上也會因為全熟及過度精製的飲食而萎縮。

第六章的重點是利用酵素來增進我們的健康，賀威爾醫師將藉由富含酵素的食物所產生的生食熱量來說明酵素飲食、酵素療法以及減重技巧。這也許是第一次有人以合乎邏輯的方式來說明體重過重的原因。賀威爾的解決之道也同樣清楚明瞭——盡可能以生食熱量取代熟食熱量。他特別挑選生鮮的牛奶、

香蕉、鱷梨、種子、核果、葡萄，以及許多熱量與食物酵素含量皆適度的天然食品。他也建議以酵素補充品搭配所有熟食一起使用，以及在專業人員的監控下進行較大劑量的酵素療法。

有關生食所含酵素抑制劑的問題（尤其是種子類食物）在第七章中會獲得解答。抑制劑的確存在，並可能藉由抑制酵素活性阻斷食物成分的分解，針對這點，賀威爾博士提出了幾種將其從食物中一舉消滅的最佳方式。

在最後的第八章及第九章則轉而討論過敏及退化疾病的問題。賀威爾博士將從酵素療法、斷食及生食的角度，討論癌症、關節炎和心臟病。關於這部分，動物以及原住民的習慣再次提供我們豐富的資訊。鯨魚體內有一層厚達十五公分的脂肪，但牠們的動脈卻極為清澈，也沒有膽固醇的問題；而愛斯基摩人有時一天食用好幾公斤的脂肪，但北極探險隊的醫療人員卻一致發現，這些愛斯基摩人都沒有動脈阻塞的狀況或肥胖問題。鯨魚及愛斯基摩原住民如何能逃過動物性脂肪的魔掌？原來，鯨魚或愛斯基摩人都生食脂肪，完整地攝取了其中所含的所有脂肪酶，這是一種能消化脂肪的食物酵素，在所有蘊藏大量動物性或植物性脂肪的生食中含量都極為豐富。

如果我們從「食物酵素概念」的角度來看，便不難理解癌症、關節炎及過敏症的成因，也能從中得知治療方式及預防措施。

由於我自己就是作家、演說家、研究人員，還是希波克拉

底健康機構（Hippocrates Health Institute）的前任主任，因此，我見過許多人在實行生食飲食一段時間後，在健康及能量方面都獲得驚人的改善。許多個案在一個月或更短的時間內，就得到戲劇性的成效，尤其是體內有毒素、筋疲力竭、無精打采及體重過重的人，效果更是顯著。當然，由於現代人的生活步調及孱弱體質，如果想長時間採取完全生食的飲食習慣，也許會有困難，因此本書提供一種安全且實用的變通方法——吃熟食搭配使用酵素補充品。在實驗室中，某些酵素補充品能夠消化超過其重量一百萬倍的熟食。讓外來酵素分擔部分工作，以將自己體內有限的酵素節省下來進行細胞代謝這類重要工作，各位不覺得是很理想的安排嗎？

　　人類營養學中的「食物酵素概念」確實是一項前所未有的大發現，即便在這個科技及檢驗方法都日新月異的時代，仍舊禁得起考驗。賀威爾醫師對酵素及生食深入的研究代表了營養科學的一大躍進，足以媲美維生素及礦物質的發現。現在該由眾多致力研究的科學家、保健運動者及有興趣的一般大眾來應用這項新的酵素知識，並進一步開發賀威爾醫師所指出的治療、生機保健與延年益壽的潛能了。

史帝芬・布勞爾

於麻州波士頓市

生命的長度與有機體消耗**酵素潛能**的**速率**成反比。

增加食物酵素的使用量，即可**減少**酵素潛能的消耗速率。

酵素營養的定律

——艾德華・賀威爾醫師

〔第一章〕

酵素營養簡介

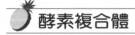

酵素複合體

　　我堅信，活的有機體及其酵素都具有一種維生原則或生命能量，且後者與食物藉由酵素作用所釋放的熱量是不同的，也有極大的區別。當一個人與我面對面談話，我不會認為他異想天開、活潑的言談，是由他剛才吃下的馬鈴薯所產生的熱量所造成。我比較相信，表現出喜悅、悲傷與憤怒等複雜情緒的生命能量，和酵素複合體用於代謝食物的相同，而與馬鈴薯等食物所產生的熱量並不相關。即便是飢腸轆轆的人也有能力表達情緒，但此時他們體內並沒有食物供應熱量。

　　我將酵素複合體定義為生物名詞，而非化學名詞。酵素複合體裡存在一個充滿生命能量的蛋白質載體。將近一百年以來，化學界都主張酵素只要存在就能發揮作用，而且在作用過程中也不會被耗盡，這意味著啟動酵素活性的能量純粹是由基質（會被改變或代謝的物質）衍生出來的，而非來自酵素。如果這種說法成立，則在基質的能量被釋放成為可用之物前，我們又從何獲得能量來觸發或開啟這種反應？化學界也承認只有活的有機體能製造酵素，但又暗示有機體可以在不付任何代價的情況下辦到這點。正式的化學理論則主張（起碼是暗示），酵素只不過是一群化學小廝，可以被毫不在乎地犧牲。「食物酵素概念」則認為，有機體賦予酵素一種會耗盡的生命活性要素，而且活的有機體製造酵素的能力——酵素潛能，是有極限

的，也是會耗盡的。

「酵素只要存在即能發揮作用，而且在作用過程中不會耗盡」。這種化學觀念其實來自歐薩利文（O'Sullivan）及湯普森（Tompson）於一八九〇年針對轉化酶的研究而發表的劃時代巨作。在這本將近一百頁的著作中，作者其實從未指出「酵素只要存在即能發揮作用，而且在作用過程中不會耗盡。」羅伯茨（Roberts）於一八八〇年在《蘭姆林恩文獻》（*Lumlian Lectures*）中指出，生物體會分送固定量的生命力給酵素，而這種力量會對基質產生作用，直到耗盡為止，歐薩利文及湯普森對此說法抱持寬容的態度。

酵素代表生物學觀點所認可的生命元素，我們可依據酵素活性來測量酵素。最易取得的測量指標是在缺乏酵素時無法產生的各種化學反應——一顆經過微波或煮熟的馬鈴薯不會發芽。酵素多年來被視為催化劑，其實酵素的功能比這種惰性物質更大。催化劑只能透過化學活動來作用，而酵素卻可同時透過生物及化學活動來發揮功能。催化劑不含「生命元素」，而酵素則會發射出某種可視為生命元素的放射物。這種放射物無法由一般裝置測量出來，卻可透過生物方式及其他方法得到證明，這種隱藏物質的確認方式包括：葛威茲分生射線（The Mitogenetic Rays of Gurwitsch）、克里安電磁攝影術（Kirlian Electro-Magnetic Photography）、羅森的遠距酵素活動（Rothen's Enzyme Action at a Distance），以及活動酵素的光學顯微觀察

（Visual Micro Observation of Working Enzymes）。酵素含有蛋白質，部分則含有可由化學合成的維生素。然而，酵素的「生命原理」或「活性要素」卻從未被人工合成過。酵素中的蛋白質僅擔任酵素活性要素載體的角色。總而言之，我們可以稱酵素是滿載生命能量要素的蛋白質載體，就如同汽車的電池是由滿載電能的金屬板組成。「酵素不會被耗盡」這種引人爭議的觀念是後人杜撰出來的，並未顧及到**酵素營養**這項生物學上的證據。

 ## 酵素與疾病

　　全人類中至少有一半是生病的。就生物觀點而言，以傳統飲食維生的人沒有一個是完全健康的，即便是那些認為自己身強體壯的年輕人也有健康缺陷。有些人有蛀牙、頭髮稀疏、禿頭、粉刺、過敏、頭痛、視力不良、便祕及其他林林總總的毛病，而這些都還只是個人能在自己身上發現的表面症狀，只要經過醫學檢驗就會發現更多疾病。影響人類的病痛有多少種？一百種？五百種？一千種？和野生動物比起來，我們是否更擅長生病？你能指出某種受到一百種疾病折磨的野生動物嗎？要不然五十種？二十五種？或甚至一種？我們必須將以人類剩菜剩飯維生的「野生」動物排除在外。為了不受疾病侵襲，野生動物是否完成了某種我們所不知道的特殊儀式？答案接下來即

會揭曉。

酵素可分成三種：使人體運作的「代謝酵素」、分解食物的「消化酵素」，以及來自生食的「食物酵素」。食物酵素可啟動食物分解作用。我們的身體——包括所有器官與組織——是由代謝酵素所運作，這些酵素工人會抓取蛋白質、脂肪及碳水化合物（澱粉、糖等物質），並利用它們建造健康的身體，維持所有功能運作正常，每種器官及組織都有其特有的代謝酵素來進行專門的工作。某權威機構曾做過一項調查，發現動脈中有九十八種獨特的酵素在運作，每一種還負責不同的功能。肝臟則有無數種酵素在作用。未曾有人調查出要使心臟、腦、肺臟、腎臟等器官正常運作需要多少種特殊酵素。

良好的健康取決於所有代謝酵素都能完美運作，因此，我們必須確保身體能夠在不受任何干擾的情況下製造出足夠的酵素。出現短缺時可能代表某種警訊，許多時候都會導致嚴重的後果。現代的研究結果指出，我們的所有活動都需要酵素，甚至連思考都需要某種酵素活動。一九三〇年發現了八十種酵素，一九四七年有兩百種，一九五七年有六百六十種，一九六二年則有八百五十種，而到一九六八年時，科學界已經鑑定出一千三百種酵素。如果想知道到目前為止已經發現多少種酵素，我們可能必須雇用一名專家全天候幫忙調查。儘管我們已經發現數千種酵素，對於許多已被確認出的反應的相關酵素，卻仍一無所知。為了維持身體的功能——修復損害與衰退，以

及治癒疾病——我們需要數百種代謝酵素。

消化酵素只有三種主要任務：分解蛋白質、碳水化合物及脂肪。**蛋白酶**（Proteases）是專門分解蛋白質的酵素，**澱粉酶**（Amylases）是專門分解碳水化合物，而**脂肪酶**（Lipases）則是負責分解脂肪。大自然的原意是由食物酵素來協助消化過程，而不是強迫身體的消化酵素擔負全部重任。根據「消化酵素的適應性分泌法則」，假如食物酵素能分擔部分工作，酵素潛能即可調撥較少活性給消化酵素，並因此有更多餘力支援負責整個身體功能運作的數百種代謝酵素。假若食物酵素確實分擔了部分工作，則酵素潛能將不致於面臨隨時可能破產的窘境，而這種現象正發生在許多食用「負分飲食」（Minus Diet）——失去酵素的食物——的人類身上。我們的酵素潛能就類似一個存款帳戶，如果不繼續存錢進去，就可能變成存款不足而發生危險。

 ## 食物酵素概念

「食物酵素概念」告訴我們一種檢視疾病的全新觀點，也顛覆我們對致病過程的了解。根據「食物酵素概念」，酵素兼具生物及化學性質。生食所含的酵素或酵素補充品在被吸收時，會產生顯著的消化效果，而減少有機體本身酵素潛能的消耗。但烹調的高溫卻會摧毀所有食物酵素，並迫使有機體製造

更多酵素，因而造成消化器官肥大，其中胰臟的變化尤其明顯。當消化酵素製造過多，酵素潛能便可能無法製造足夠的代謝酵素來修復器官及對抗疾病。我們在浪費消化酵素嗎？「食物酵素概念」提供了一個確證，大多數人的消化酵素都在揮霍無度的情況下被用盡。身體只製造不到兩打的消化酵素，但為了供應這些消化酵素而消耗的酵素潛能，卻高於用來製造身體不同器官及組織進行各種活動所需的數百種代謝酵素的酵素潛能。過著文明生活的人類消化酵素比代謝酵素強大許多，酵素活動也更密集——比任何在大自然發現的酵素組合更為密集。人類的唾液及胰液充滿酵素活動，但是並無證據顯示，以大自然生食維生的野生動物其消化酵素液的強度就遠不如人類的。

消化酵素的適應性分泌法則

如果人類這個有機體必須將大部分的酵素潛能用於製造消化酵素，身體註定面臨災厄，因為如此一來，將會限制代謝酵素的製造，而我們的酵素潛能也將不勝負荷。以上兩種酵素彼此間存在著競爭關係，科學為這種險惡的情況找出了一條明路嗎？有的。西北大學的生理學實驗室於一九四三年從老鼠實驗中確立了「消化酵素的適應性分泌法則」。他們測量了胰臟為消化碳水化合物、蛋白質與脂肪而分泌的消化酵素量，從而發現每種酵素的強度會依其所負責分解的成分分量而變化。在此

之前，根據巴布金（Babkin）教授提出的規則，一般都認定酵素是等比例分泌的。「消化酵素的適應性分泌法則」則主張，有機體對其酵素極為珍惜，因此不會分泌超出其作用所需的量。假若有部分食物是由食物中的酵素進行分解，身體將製造較少的消化酵素。自此以後，「消化酵素的適應性分泌法則」已經獲得全世界多所大學實驗室的證實。

假如人類能依循大自然的定律多攝取外源（外來的）消化酵素，則酵素潛能將不必為了消化食物而浪費如此多的珍藏，而能配送更多這種珍貴商品給代謝酵素，這才是酵素潛能的正確用途。這種酵素潛能的正確分配不僅有助於維持健康及預防疾病，也被預期可幫助治癒已知的疾病。古諺稱人天生擁有自癒力，其實指的就是代謝酵素的功能，因為身體裡已沒有其他機制可治癒任何事物。

為了從食物中獲取酵素，我們必須生吃食物。無論是植物或動物，所有生命都需要酵素來維持其功能運作。因此，所有植物性及動物性食物在生鮮狀態時都含有酵素。酵素完全無法承受高溫，這點與維生素極為不同。巴斯德殺菌法（Pasteuriza-tion，法國科學家路易士・巴斯德發明的加熱殺菌法）會摧毀酵素的生命力，即便我們使用的是比烹調時更低的溫度（譬如相對於150℃以上的高溫，改用63℃的溫度）。假如水溫高到會讓雙手覺得不舒服，即會傷害食物酵素。所有食品工廠生產的食物都已多少經過加熱處理。

◉ 浪費酵素的證據

我們必須對漫不經心地揮霍酵素的態度感到內疚。酵素是我們最珍貴的資產，而我們也應該歡迎外源酵素的協助。假若我們完全倚賴與生俱來的酵素，它們終將會耗盡，這種情形就好像光仰賴繼承的財產卻不補充穩定的收入。「食物酵素概念」指出，身體會極力反抗浪費大量酵素的舉動，還可能因此引發嚴重疾病，甚至死亡。在一項於一九四四年進行的實驗中，以生大豆（酵素抑制劑含量極高）製成的食物餵養小老鼠及小雞。由於牠們必須對抗抑制劑，因此浪費了大量的胰臟消化酵素。另外，牠們的胰腺為了處理額外負擔因此開始變大，這些動物都變得病奄奄的，並且長不大。大豆屬於種子類植物，而所有種子都含有某些酵素抑制劑（我將在第七章中討論酵素抑制劑）。這些早期的實驗證實了有機體會反抗酵素遭到浪費的情形，而這種結論現在也已經在許多科學實驗室中一再獲得驗證。食用含有抑制劑的種子會導致胰臟消化酵素大量流失及浪費、胰臟增大、代謝酵素的供應量減少、發育不良與健康受損。

我所記錄的器官重量表（部分收錄在本書中，請參考第131、201頁）證明了胰臟的大小及重量會隨飲食種類而變化。當胰臟必須分泌更多酵素，它就會增大。這種現象有益個人健康嗎？當心臟必須極辛苦地工作才能將血液抽至受損的動脈，心臟也會變大。誰會想要一顆腫脹的心臟？我們會喜歡自己的

扁桃腺腫大嗎？或是膨脹的甲狀腺，乃至演變成甲狀腺腫大？如果是肝腫大呢？變大的胰臟在平時不會引起疼痛，亦即不會讓主人發現任何異狀，只會與往常一般地分配酵素活性，並對整個身體造成壓力。我們既要強迫珍貴的酵素負責所有卑賤的消化工作，又奢望它們能完美地執行體內代謝，對於這點，我們實在該感到內疚。食物酵素及其他外源酵素可協助消化工作，但對體內代謝則不然。既然如此，何不讓這些酵素接手消化工作，讓我們身體的能量商店能更有效率地經營體內代謝的事業。

　　牛、羊這類動物以生食維生，因此胰臟只有人類的三分之一（依體重的百分比估算）即可存活。實驗室中的老鼠由於食用加熱處理過、不含酵素的標準實驗室食物，因此胰臟的重量是野生老鼠的二至三倍，而後者是在大自然中覓食，吃的是含酵素的生食。若讓實驗室老鼠吃富含酵素的生食，牠們的胰臟重量將只有被隨意餵食或食用完全不含酵素之飲食的老鼠的三分之一。

　　從動物實驗結果可知，浪費身體酵素可能會對健康甚至生命造成重大影響。華盛頓大學的外科醫生在一群狗的身上裝上瘻管（管子），以從牠們體內排出所有胰液酵素，使狗兒們無法利用。雖然這些狗照常進食，也能喝水，牠們的身體狀況卻急遽惡化，並在一週內全部死亡。之後有其他研究人員以老鼠進行同一實驗，也產生相同的結果，不到一週，所有老鼠就陸

續死亡。以往人類也會因急性腸阻塞而在三至五天內死亡。不論是實驗用犬的腸阻塞或是人類自發性的疾病，一些權威人士都認為，死亡原因應歸咎於不斷嘔吐所導致的胰液酵素流失。我們還發現一項驚人的事實，若是膽汁經由膽道瘻管長時間流失，雖然會使膽汁無法進入腸內，但由於這種情況下並未浪費酵素，因此不會導致人或實驗動物死亡。現代人的消化系統對酵素潛能的需求更為殷切。人類在這方面自成一格，與野生動物已毫無相似之處，因為只有人類是以不含酵素的飲食維生，所有野生動物都能從生食中補充所需的酵素。吃生食的動物消化液的酵素濃度並不像人類消化液那麼高，許多動物的唾液中甚至完全不含酵素，但人類的唾液卻充滿澱粉酶（又稱為唾液素），濃度是令人難以置信的高。牛、羊會分泌大量完全不含酵素的唾液；馬也是以自然生食為食物，因此唾液中也沒有酵素；當狗及貓吃自然中的生肉，牠們的唾液便不含酵素，但當牠們吃碳水化合物含量高並經過加熱處理的食物，大約一週內，唾液中就會出現酵素，這與「消化酵素適應性分泌法則」的理論完全吻合。

食物酵素胃

有人可能會認為，由於牛、羊這類反芻動物的唾液並不含酵素，因此牠們的胰液中必然含有特別高濃度的酵素作為補償，但其實不然。事實上，我的器官重量研究顯示，牛、羊的胰臟比人類的要小許多（依體重的百分比來估算）。這個結果證明，這些動物所需的胰臟酵素遠比人類少。牛、羊有四個胃，只有一個胃會分泌酵素，而且是最小的胃。其他三個屬於前胃，我稱它為「食物酵素胃」，這個胃中並不含酵素，但容許食物酵素在其中分解食物。此外，反芻動物的前胃裡收容有原生動物，提供這些微小動物「免費食宿」，以交換可分解食物的酵素，這是一種互利的共生關係。隨著進一步的食物消化程序，大部分的原生動物會被送至第四個胃，牠們在此會被分解，並供應反芻動物所需的大量蛋白質。這也引發一個疑問，既然原生動物屬於動物，而宿主也倚賴牠們提供部分營養，那麼牛、羊這類反芻動物是否稱得上是素食動物？

除了反芻動物的前胃，一項比較解剖學的研究也提供了其他「食物酵素胃」的實例。多年來，生理學家對於這些器官的功能也莫衷一是。全世界最大的食物酵素胃是最大鯨目動物——鯨魚三個胃中的第一個。較小的鯨目動物包括海豚及鼠海豚，牠們也全都有一個食物酵素胃及另外兩個胃。這些動物的食物酵素胃裝滿被捕獲的水生獵物，曾有人在一隻殺人鯨的食

物酵素胃中發現三十二隻海豹。請各位務必牢記一個觀念，這些動物的食物酵素胃並不會分泌任何酵素或酸液。那麼，在不動用酵素的情況下，這些數量龐大的完整動物又是如何被分解成均等的小塊，並能順利通過連接食物酵素胃及第二個胃之間的小開口？生理學家也在問這個問題，而最近，有幾分由不同國家的生理學家在科學期刊上所發表的報告，也在試圖解開這個謎團。

「食物酵素概念」是唯一的解答。每一隻被鯨魚吞下的海豹胃中都有自己的消化酵素，也有胰液。鯨魚吞下海豹後，這些消化酵素就成了鯨魚的財產。這些酵素變成了鯨魚的食物酵素，改為鯨魚效命，在消化及清空食物酵素胃的內容物期間為牠工作。此外，所有動物體內都有組織蛋白酶這種蛋白質分解酵素，這些酵素廣泛分布於肌肉及器官中，然而，在該動物活著時卻不具已知的消化功能。在動物死亡後，身體組織會變成適合組織蛋白酶作用的酸性，這種酵素此時即會在「自溶」（細胞與組織的分解）過程中發揮質因子的功能。

另一種食物酵素胃的實例是以種子為食的鳥類的嗉囊，如雞和鴿子。生理學家一直以來都明確表示，嗉囊不具任何功能，但這是在「食物酵素概念」確立許多新事證之前。如今我們有了更成熟的全新觀點。嗉囊本身的確不含酵素，但所有種子都蘊含豐富的酵素。我們已經證實，完整的種子會在嗉囊中停留十至十五個小時，在這段期間，種子會聚積水分，其中的

酵素也會迅速增加，並會發生初期發芽，此時酵素抑制劑便無法作用，而澱粉會被分解成葡聚糖及麥芽糖。在嗉囊的內容物被排空至沙囊期間，食物酵素會一直在食物酵素胃（嗉囊）中進行的消化作用，也許還會進一步延續至腸胃道中。我們可以明顯看出，許多動物（也許是所有動物）必須藉由食物酵素來消化食物，人類是否也包括在內？

人類利用食物酵素幫助消化的情形

根據「食物酵素概念」，所有生物體內都有一種機制——允許一小部分食物由其所含的食物酵素加以分解。事實上，人類胃的上半部就是一個食物酵素胃，這個部位不會分泌酵素，它的運作方式和其他動物的食物酵素胃一模一樣。當我們將生食及其中所含的酵素一起吃下，食物會進入胃中這個不會蠕動的食物酵素區段，而食物酵素即會在此分解這些食物。事實上，生食中的蛋白質、碳水化合物及脂肪從進入嘴裡、植物細胞壁破裂的那一刻起，就展開了消化過程，並會因咀嚼動作釋放出食物酵素。食物被吞下後，在胃的食物酵素區的消化過程會持續約半小時至一小時，或直到胃中分泌的胃酸到達抑制點，之後即會由胃中的酵素——胃蛋白酶接手。

食物被吞下後會停留在胃部食物酵素區中，假如是不含酵素的熟食，就會在該處等候約半小時至一小時，這段時間不會

發生任何作用。假如有害細菌隨著這塊食物被吞下，這些細菌在這段閒置時間可能就會攻擊這塊食物。唾液酵素可以分解碳水化合物，但蛋白質及脂肪就必須耐心等待。此處也是適當的消化酵素補充品可以大顯身手的地方。如果我們可以將一些酵素補充品和餐點一起咀嚼，這些外源消化酵素會立刻消化所有營養素。在食物停留在胃部食物酵素區的期間，這些外源酵素就能分解蛋白質、碳水化合物及脂肪。根據「消化酵素適應性分泌法則」，由酵素補充品或食物酵素所完成的任何消化程序都不需要內源消化酵素的參與，我們的身體就不必再分泌如此多的消化酵素。這種理想的反應讓我們得以保存酵素潛能及身體能量，也能讓身體致力於供應更多代謝酵素，以利器官與組織持續其應有功能、提供修復，並進行治療。

 ## 研究發現

且讓我將「消化酵素適應性分泌法則」與研究發現相互比對。有些人相信，由於人類唾液為中性（pH值為7），因此人類胃中的低酸鹼值會抑制唾液（據推測還包括酵素補充品）大部分的消化活動。然而，我們還是可以發現唾液中的澱粉酶確實有助於胃中的消化作用，而將酵素補充品與食物一起吃下甚至能產生更好的成效。

伊利諾醫學院生理學教授奧拉夫・貝格姆（Olaf Bergeim）

以十二位牙醫系學生為實驗對象,針對胃涎對澱粉的消化作用進行了一項研究。貝格姆強調,澱粉的消化作用無法在試管(實驗室)中進行,必須從經過消化作用的人體胃中取出樣本來完成。他的研究結果顯示,馬鈴薯泥的澱粉平均有76%會被轉化成麥芽糖,而麵包的澱粉則平均有59%會產生這種變化,其餘部分則被轉變成葡萄糖。貝格姆也引用穆勒(Muller)的研究結果來支持他的發現,穆勒利用米麩(Rice Cereal)作為人體實驗的實驗餐,並發現這種碳水化合物的59%～80%會變成可溶解,如果以麵包作為實驗餐,其中的澱粉有50%～77%會變成可溶解。貝格姆在四十五分鐘後才將消化的食物從胃中吸出,但還是推斷,即使只在胃中停留短短的十五分鐘也足以產生顯著的消化作用。這些受測者被指示必須澈底咀嚼食物,以確保食物在被吞下去之前即能由唾液先進行初步消化。貝格姆也說明了以試管完成的實驗。他將胃液中的鹽酸加入唾液中,從而導致永久性失活。但此後由其他人進行的調查卻顯示,人體分泌的鹽酸通常沒有我們想像的那麼濃。這不僅讓唾液的澱粉酶及外源酵素得以在胃部進行更多消化作用,當胃的內容物在十二指腸的鹼性環境裡被中和後,還能讓更多酵素恢復活性。最近的一次實驗是在歐洲以活的有機體(活的生物體)進行,結果發現,唾液的澱粉酶及酵素補充品在十二指腸及腸道的下半部會恢復活性,顯示酵素補充品及食物酵素也許可由腸液恢復活性。

　　貝澤爾（Beazell）博士於一九四一年發表在《實驗室與臨床醫學期刊》（*Journal of Laboratory and Clinical Medicine*）以及《美國生理學期刊》（*American Journal of Physiology*）的論文中提出了更多資訊。貝澤爾從由十一位正常年輕男性所進行的實驗發現，人類的胃在一小時的消化過程中所消化的澱粉比蛋白質多好幾倍。因此，他覺得強調胃是消化蛋白質的專用器官是不恰當的，因為胃所消化的澱粉其實比蛋白質還多。此外，假若唾液的澱粉酶在一個pH值不低於5或6的環境中都能分解大量的澱粉，那麼當食物酵素或酵素補充品的酵素活性範圍可低至pH3以下，將能消化多少蛋白質、脂肪及澱粉？

　　上述證據清楚地確立了一個事實——即便唾液的澱粉酶並不適合在胃中作用，人類的胃還是一直利用這種酵素來消化大量的澱粉。正因如此，質疑者如果再堅持食物酵素及酵素補充品無法在胃中消化食物，是否還有任何公信力？這類我們在教科書上讀到的說法其實是誤導的結果。除非能證明這些內容是根據科學期刊上的實際研究成果所推論而出，否則就可能純粹是作者本身的想法。有什麼能阻止酸鹼值條件比唾液澱粉酶更佳的食物酵素及酵素補充品，在胃中消化更多的蛋白質、脂肪及碳水化合物？

　　西北大學生理學實驗室所完成的研究強烈支持有大量的酵素補充品可順利通過胃而不會受到任何破壞。安德魯・康威・艾維（A. C. Ivy）、施密特（C. R. Schmitt）及貝澤爾在《營養

學刊》（*Journal of Nutrition*）上發表的人體實驗報告證實，平均有51%的麥芽澱粉酶（一種由發芽大麥產生的酵素）在胃中消化過澱粉並在進入腸子後仍具有活性。在人體實驗中，如果營造一種唾液分泌不足的假象，麥芽澱粉酶即會增強對澱粉的消化作用。我們必須記住，這些受測者都是健康的年輕男性，而非唾液澱粉酶不足的年長者。「食物酵素概念」認為，人類消化液中的酵素含量高得太離譜，與野生動物相比，顯得過於豐富。我們因此不難預測，這種異常現象可能會妨礙體內數百種代謝酵素的產生。以病理學角度而言，人體在壯年時期的消化分泌物極為豐富，但卻是以犧牲代謝酵素換來的。在一項人體實驗中，我們也發現，年輕族群的唾液澱粉酶平均強度比年長族群高出三十倍。

牛津大學的泰勒（W. H. Taylor）博士以**試管**實驗分析胃消化蛋白質時的最佳pH值。結果令人極為驚喜，他發現最大活性區間不只一個，而是有**兩個**。一個是pH值1.6至2.4，此時胃蛋白酶具有活性。另一個區間則為pH值3.3至4，此時組織蛋白酶可發揮作用。實驗結果也發現，每個區段所發生的蛋白質分解量大致相同。這意味著胃蛋白酶並非唯一在胃部進行消化的酵素，組織蛋白酶在消化肉類及蔬菜蛋白質方面也分擔了相同分量的工作。

動物的肌肉及器官含有充足的組織蛋白酶，尤其是肌肉部位。我們在肉攤上販售的每一分肉品中都能發現同樣的情形。

當一隻老虎或其他肉食性動物將獵物撕裂並吞下，肉裡的組織蛋白酶就像回到家一樣，並能為在溫暖的胃中與其肩負相同使命的酵素減輕負擔，因為胃中的pH值完全符合這種酵素活動所需。假若我們承認，食物的組織蛋白酶沒有理由不能與胃所分泌的組織蛋白酶一樣，執行相同的胃部消化工作，又有什麼理由主張其他pH值特性相當的食物酵素沒有資格參與胃部消化工作？腸裡的組織蛋白酶及食物中的組織蛋白酶都是在pH值3到4之間發揮作用，小麥及其他穀物中的澱粉酶在pH值3到4之間也能發揮作用，多種蔬菜的蛋白酶及脂肪酶也同樣在這個區間作用。大自然已讓胃部pH值環境符合這些食物酵素分解蛋白質、碳水化合物及脂肪所需，還有什麼能阻止它們在人類胃中消化食物基質？

 酵素營養

　　生食不像熟食那麼會刺激酵素分泌，分泌出的胃酸也較少。和由熟食組成的餐點相比較，生食可讓食物酵素在胃的食物酵素區作用更久，這個結果將使食物酵素能完成更多的消化工作。當食物酵素或其他外源酵素可進行更多工作，這種情形會變成常態，並紓緩消化酵素（如胰液及唾液）分泌過度的情況。和胰臟的消化酵素相較，食物酵素的濃度明顯低了許多。消化生食需要更多時間。當一隻森林裡的獅子飽餐一頓，牠的

胃裡可能裝滿十三公斤以上的大塊生肉。獅子會有一段時間顯得極為懶散，在這段時間裡，肉中的組織蛋白酶會開始分解肉。不久之後，獅子胃液中的胃蛋白酶也開始從外部分解這些肉塊，而食物酵素則依舊持續地從內部進行分解。要完成整個消化工程可能需要好幾天的時間。無論是一隻小蛇吞下一隻青蛙，或是一隻大蛇（如蟒蛇）吞下一隻豬，蛇的胃部都會產開一場大規模的消化工程，同樣的消化作用也會陸續發生。獵物的組織蛋白酶及消化酵素現在變成吞下牠的蛇的食物酵素，並為蛇賣命工作。沒有任何方式可阻止獵物的消化酵素在新主人胃裡進行它們原先的工作。這些食物酵素外加蛇的消化酵素，可能需要一週的時間才能消化完這些肉，並使蛇體膨脹的部分消失。

審慎求證的研究結果也顯示，自然界的生物都擁有一個食物酵素胃或具相同功能的器官，讓完全以生食維生的生物得以消化牠們吃下的食物，為其消化器官分擔額外的工作。人類也擁有一個食物酵素胃，如同我在前面證明的，當飲食中含有食物酵素，這個食物酵素胃即有能力分擔消化的工作。在接下來的幾個章節，我將說明食物酵素對健康的重要性，並證明我們如何利用食物酵素的供應特性來進行治療，以改善健康情況及延長壽命。我也將介紹以食物酵素治療人類各種退化疾病的相關資訊。

第二章

能延年益壽的食物酵素

致病原因

　　「酵素營養」及「食物酵素概念」對於追求健康的人而言，可能比目前任何系統提供更多永久性的貢獻。「食物酵素概念」指出了致命疾病基本、潛在的成因，並尋求革除這些病因的方法，希望能對緩解疾病提供一臂之力。

　　許多棘手病症都有兩種致病原因。第一個是主謀——酵素不足或營養不足，這是體質變得易受感染最重要也最根本的潛在原因。這個病因會在你的體內搭建舞台、鋪設地面，並在幕後默默籌劃，這段期間你不會感到任何痛楚、聽不到任何不尋常的聲音，也不會察覺任何背叛的舉動。「食物酵素概念」揭露了酵素不足會加速癌症、心臟病、關節炎、老化與其他棘手症狀的發展機制。

　　第二個比較張揚的「病因」則只有在第一個病因已經完成任務時才會引發麻煩。這個病因包含致癌物質、膽固醇、細菌、Ｘ光、食品添加物及香菸等禍源。吸菸只會刺激疾病發展，就像一個可發展成熊熊巨燄的小火花，最後會燒掉一個已經不健康的身體。

　　我們都認識一些抽了一輩子菸卻從未罹患癌症的人。同樣地，也已經有無數的人使用過糖精及食品添加物、接觸到Ｘ光、喝下被汙染的水及吸進骯髒的空氣，卻似乎對這些有毒物質完全免疫。以上敘述並不代表我願意寬容以對有害物質汙染

身體的行為，而是我堅信，從外在來源獲得更多酵素強化劑的人，會比沒有這類強化劑輔助的人擁有更精良的利器來對付有害物質。

 ## 烹調會摧毀酵素

「食物酵素概念」如何解釋致命及久治不癒的棘手疾病成因？這些疾病一直以來都被醫學教科書冠以「原因不明」的汙名。而我證明了是廚房爐灶及食品工廠裡的加熱處理器將食物元素——對高溫敏感的外源食物酵素——趕盡殺絕。這些營養補充品一直以來都在提供我們的內源（內在）酵素在抑制致病過程時所需的酵素強化劑。

烹調過程中的高溫會摧毀天然食物中的酵素，但我彷彿可以聽見人們說：「這是不可能的，因為人類烹煮食物的習慣由來以久，卻依然身強體健得很。」這種說法的確有部分屬實，因為我們只是還沒有完全生病而已。現今所謂的健康情況良好曾經被一位醫生巧妙地稱為「醞釀中的劣質健康」，或是症狀不明的狀態。就我們所知，良好健康其實是一段各種致命及棘手病症較長的潛伏期。

無論我們從哪個角度來探討健康及疾病，都不可避免地會獲得一個結論——棘手病症的存在時間和烹調歷史一樣久。疾病和烹調方法的確是同時產生的，而烹調過程也確實破壞了數

百種食物酵素，這些酵素是食物所能提供最脆弱也最珍貴的元素，這點我們必須銘記在心。

　　假如你對於「無酵素飲食是現代人多重健康問題的根源」這種說法依舊存疑，且讓我舉出一些證據。我們對於國民的健康狀態無法持樂觀的態度，因為從醫療與住院的龐大花費，以及在商店裡陳列、在媒體廣告藥物的多不勝數來看，更可印證這種現狀。這種營養不足的現況與任何野生動物的情況有天壤之別，而棲息在叢林深處、海底與在空中飛翔的野生動物全都以富含酵素的天然生食維生，而非熟食。

◉ 野生動物比較健康

　　你曾經聽過救護車響著刺耳的警鈴快速通過叢林，趕著要將一隻心臟病病發的珍貴野生獅子送進醫院嗎？有任何獵人或動物觀察員曾經目睹一隻大象或一隻叢林動物由於關節變形而痛苦地一路跛行嗎？一隻野生母黑猩猩或大猩猩如果發生乳癌，那可會成為全世界的頭條新聞了。我們認為，這些野生世界的居民將能免於所有疾病。大家千萬不能忽視這個事實，野生物動之所以能免受疾病侵襲，應歸功於牠們所攝取的優質酵素營養。地球上數千種生物中，只有人類和部分馴養動物嘗試過著沒有食物酵素的生活，也只有這些大自然法則的違背者受到懲罰——健康出現問題。我們不能將人類不良的健康狀況歸因於維生素或礦物質不足，因為食物中已加入這些營養素以提

高營養價值。

　　曾有人認為，野生動物之所以能免於罹患人類的病痛是因為牠們不必忍受文明生活的壓力。牠們不須擔心要付房租或繳稅，也不用承受長時間工作的壓力，因此不會有人類的憂慮及沮喪。這種將壓力視為病原（致病原因）的理論完全脫離現實。如果你覺得要應付文明生活很困難，那麼你會希望和野生的草食性動物交換住所嗎？這些動物只能靠迅速的行動來保護自己免受兇猛的掠食動物侵襲。生態環境改變、人口增加等各種壓力也慢慢地籠罩在動物身上。以下是另一則例證。

　　仔細思考一下城市裡野鼠的處境，狗、貓與憤怒的人類一看到牠們都恨不得想立刻殺死牠們，而野地裡的齧齒類動物一離開自己的地洞，就必須面對潛伏在地面的掠食者或是在空中虎視眈眈的老鷹的攻擊。這些可能淪為獵物的野生動物為了延續生命，必須過著極為緊張的生活，並時時擔心自己可能會失去生命。另一方面，這些掠食者也必須保持高度警覺才能擄獲自己的食物，否則就得餓肚子了。因此我們可以了解，對野生動物而言，發揮高度警覺心的能力成了攸關生死的重要課題。人類身體所感受到的緊張情緒較輕，但我們不僅健康狀況較差，還出現更嚴重的退化疾病。依此推斷，這套壓力理論似乎也是漏洞百出，完全不具說服力。

　　很少人會質疑現代人的情緒壓力可能會影響健康，如果這套壓力理論代表較小的、附加的、次要的致病原因，說它是一

種刺激源，或許就能被接受。但主要原因仍然是營養不足，而酵素不足更必須被列為前幾名。壓力理論的擁護者為了盡力挽救他們所支持的理論，也許會主張人類必須更致力於對付長期壓力，而不是各種急性病症。當外來刺激造成腎上腺激素分泌，進而刺激心臟、造成血壓上升，並將糖分引進血液，人類及動物就會產生壓力反應。為使受到掠食者攻擊的動物有能力快速逃離，保住自己的性命，這些反應是必要的。這些反應也能觸發掠食者表現更大的行動力以獵取獵物，使自己免於挨餓。

但如果人類在面對生活中各種討厭或惱人的情況時都習慣出現這種壓力反應，即可能發展成慢性高血壓，即包括心臟、神經系統及動脈的高血壓，最終甚至會擴及其他部位，並產生各種症狀。或許正因為如此，這種理論才會被持續引用。

然而，當我們試著要接受壓力反應的綜合症候是一種致病原因，卻面臨一個矛盾現象。假如我們大力強調壓力是各種疾病的主要成因，並忽略營養不足的因素，由於野生動物的壓力反應攸關生死，因此必定對牠們造成極大的負擔，也會消耗牠們許多精力，那麼野生動物的疾病發生率應該會比人類更高才對。但我們全都明白，事實正好相反。叢林深處的野生動物基本上是不會生病的。野鼠和實驗室老鼠之間的基本差異由以下實驗可資證明——野鼠會勇敢地與實驗室製造的刺激聲響對抗，而實驗室老鼠則會放棄，隨後死亡。

如果我們了解野生動物分泌的腎上腺素會比牠們同科的馴

養動物更多，這種矛盾現象還可以進一步擴大。這項資訊是比較野生動物及被監禁動物（如實驗室樣本）的腎上腺重量而推斷出的。被監禁的馴養動物受到保護，不會被掠食者攻擊，因而沒必要出現由腎上腺素觸發的壓力反應，所以腎上腺素的分泌量會下降，腎上腺也會變得較小。表2.1說明了這項明顯的比較結果。我們從表中可以看出，野生大鼠的腎上腺幾乎是馴養大鼠的兩倍大，而野生小鼠的腎上腺素分泌量也是其同科馴養動物的兩倍以上。

表2.1
野生與實驗室雌性齧齒動物腎上腺的重量比較

實驗動物	腎上腺占體重的百分比
實驗室大鼠	0.0257
野生大鼠	0.0471
實驗室小鼠	0.0295
野生小鼠	0.0675

節錄自我記錄的器官重量表。依每100公克體重的百分比表示。

　　根據以上數據可能可以作出「由於野生大鼠及野生小鼠有較大的腎上腺，因此會產生較多的腎上腺素，所以這些野生動物應該比馴養動物有更多的疾病」這樣的結論，但既然事實恰巧相反，因此壓力理論顯然並不可靠。在權衡其中各項因素後，我們不得不認定壓力理論無法完全說明疾病產生的主要原

因。「營養不足是造成大多數疾病的主要原因」這種說法已經由研究充分證實，而酵素營養不足更被認為是這場健康破產風暴的幕後黑手。

酵素的確可能會耗盡

現在讓我們來討論一下百科全書、字典及教科書上的說法，也就是「酵素只要存在就能發揮作用，在作用過程中也不會被耗盡」。這種說法實在不負責任，也會讓人有錯誤的期待，我們會誤以為由於某種特殊魔法，人體內的「酵素帳戶」不可能被提領一空，永遠都會剩有餘額，甚至連最用心的醫生及技術人員也被這種錯誤但「官方」的觀念所蒙蔽。假如一名醫生對這種扭曲酵素事實的神話信以為真，他將無法察覺酵素營養不足及破產的初期警訊。我覺得我有必要提出更多相關證據來彌補酵素「官方」說法的不足。

世界上還有許多科學期刊上的酵素報告未被教授及授課教師用來教導大專院校的學生。我已將部分相關資料收錄在我的著作《消化及代謝時食物酵素的變化》（*The Status of Food Enzymes in Digestion and Metabolism*）中，該書最早是於一九四六年以《有助健康與長壽的食物酵素》（*Food Enzymes for Health and Longevity*）為題，由全國酵素公司（National Enzyme Company）出版。要充分理解一分研究資料並將結果編入教科書，

讓學生可以研讀，需要冗長的時間。為什麼在此之前「食物酵素」這個名詞在教科書及百科全書中從未出現？我所收集到的研究資料提供了大批證據，足以反駁眾多參考書籍所宣稱的。我的證據所顯示的結果與這些說法相反——酵素確實會因為有機體的各種活動而耗盡。

知名學者及統計學家約翰霍普金斯大學貝爾（Pearl）教授為其一生致力的重要實驗作出以下結論：「一般而言，生命的長短與其存續期間的能量消耗率成反比。簡單地說，壽命與生活耗損率成反比。」

多倫多大學的科學小組麥克阿瑟（MacArthur）與貝利（Baille）在一分研究報告中作出以下結論：

有機體所獲得的似乎是一分特定額度的「生命力」，而不是限定的天數。生命流逝至其自然期限的速率與代謝率成正比，若依常見的說法，即取決於「自然耗損」的速度。

代謝率可被解讀成酵素活性，酵素則會因自然耗損而流失。總而言之，這些生命的定義都意味著，每個孩子在出生時都被賦予一分固定量的酵素潛能。這分酵素潛能不是被儲存起來就是被浪費掉；不是在步調快速的生活中迅速耗盡，就是以較緩慢的步調有節制地使用。若能攝取外源酵素強化劑（補充品或生食），將有助於讓這種酵素潛能持續更久。

在此，我想引用我較早期的著作《消化及代謝時食物酵素

的變化》中的研究結果：

　　我們再也沒有理由將生命力與生命能量視為難以確定的力
量。對於在活的有機體中運作的生命力，若再繼續抱持一種無
所謂的輕忽態度，已無法受到現有證據的支持。酵素已被視為
衡量生命力的正確標準，它提供一種計算有機體生命能量的重
要方式。活力、生命力、生命能量、生命活動、神經能量、神
經力量、力氣、生命耐力、生命及生命力量等名詞，其同義字
也許就是我們所熟知的酵素活性、酵素值、酵素能量、酵素活
力及酵素含量。

　　我在一九五八年設計出一個利用電影顯微攝影技術將酵素
活性拍攝成影片的方法。圖2.1的說明及畫面是取得全國酵素公
司同意後所複製的。其中的動作顯示這些植物澱粉酶如何在一
分鐘之內分解澱粉細胞（微細顆粒），並完成一連串驚人的轉
化過程。假如你對酵素活性仍一知半解，建議可以找《酵素活
性的顯微攝影》（*Motion Picture Microphotography of Enzyme
Action*）這套影片來看一看。

　　酵素的強度可被分析出來，因此，我們也在實驗室中定期
加以分析及測量。我即將說明的證據與收錄在我之前著作中的
證據在在證明了，所謂「生命力」或活力的確可用實驗室的方
法加以測量，因為這些特質都可用酵素活性來量化。這項證據
也確立了酵素複合體不僅會運送蛋白質，這種蛋白質還滿載著

圖 2.1
酵素活性的顯微攝影
第 2 號實驗

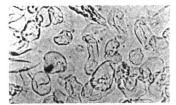

加入植物澱粉酶

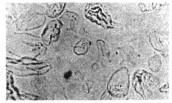

分解 12 秒後

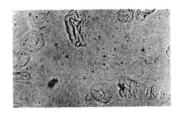

分解 23 秒後

分解 35 秒後

生命元素，因此可被稱為酵素潛能。此外，我提出的證據也顯示，人們應該像使用維生素及礦物質補充品一樣地定期服用酵素補充品，當人類無法或不願意從食物中攝取這些營養，尤其應該如此。

　　除非我希望暫停思考並活在一個虛幻的世界，否則我必須指出，高等教育的實驗室及課堂中所使用的書籍其實都以偏概全，因為其中的內容都只說明了酵素的化學概念，對生物概念隻字未提。

　　但有關酵素只要存在即能發揮作用，而且在作用過程中不

會耗盡的說法已在全世界數千本書籍中被反覆提及，而且時間長達七十五年以上。這種謬論對科學思想的荼毒之深，恐怕要花上一、兩個世代才能完全清除其遺毒。

◉ 不同溫度下的酵素反應

我們已經了解，平常用來烹調食物的高溫會摧毀酵素。但其實還有另一個關於酵素的驚人事實——它們在溫度**稍高**的環境下會比溫度偏低時更活躍，關於這點我以下述實驗來說明。我們分別在兩個盤子中各放入等量的可溶解太白粉（馬鈴薯澱粉）來進行體外澱粉分解實驗，並各加入等量的水及唾液，唾液中含有澱粉酶（又稱唾液素）。我們可將其中一個盤子放在大約26℃的溫暖室內，另一個則放入溫度約為4℃的冰箱中。藉著適當的設備，我們即可證明室溫下的澱粉將被迅速地分解，而冰箱內的澱粉分解程度則較不明顯。

若進行更深入的研究，將一盤澱粉酶的混合物放在室溫約38℃的房間內，則酵素的分解能力至少會比在26℃的環境下高出四倍以上。在48℃時，酵素的分解效能可達到26℃時的八倍；而在71℃時，效能更可達到十六倍以上；但在71℃時，酵素會在約半小時內耗盡，而且無法再進行任何分解。有些產業會利用酵素隨著溫度升高而提高分解效能的特性，來加速工廠的生產速度。他們會讓運送產品的自動輸送系統通過高溫的多種酵素洗滌液，並以極短的間隔時間替換耗損的酵素。由於可

獲得較高的生產量，因此，他們能夠負擔更換酵素的外加成本。針對這點，我想強調的是，儘管酵素在較高的溫度下可發揮更佳的效能，它們也會更快被耗盡。這種結果即駁斥了百科全書及教科書的說法——酵素不會被耗盡。

正式的化學理論會告訴你，71℃的溫度將改變酵素中蛋白質的性質。但這種理論卻無法說明為什麼高溫下的盤子、試管或不斷噴灑的工業洗滌液裡的酵素能發揮較大的效能。化學理論無法解釋這種現象，但生物學可以。當活的有機體體溫升高，其體內酵素的作用將比在正常溫度下進行得更快。在一個因細菌感染引發的發燒症狀中，這種現象有特殊的價值。由於發燒而升高的體溫會使酵素更快速地活動，如此一來便不利於細菌活動。經常出入白血球且為數眾多的饑餓酵素（Hungry Enzymes）在發燒時會異常活躍，假若我們對發燒症狀置之不理，白血球就會透過「吞噬作用」，將細菌吞噬及分解，迅速將其消滅。

因此，我們不得不斷定，發燒症狀通常是必需的，而服用阿斯匹靈或其他藥物加以壓制可能是最糟糕的做法。但假如發燒的溫度極高，最好還是尋求醫生的協助。發燒時酵素進行的額外活動會造成一部分酵素某種程度的耗損，以致我們的身體必須透過尿液將其排出。許多尿液的檢驗結果都顯示其中含有多種酵素，這種情形不僅發生在發燒後，也出現在任何激烈的體能活動後。這種「磨損現象」（包括活的有機體在內的所有

機器都會經歷這種磨損過程）是功能運作或存活的一種特性。在此也再次證明，酵素會在不改變其蛋白質本質的情況下耗損並被排除。

在被當成食物利用後，廢物、蛋白質「被消耗的」部分、碳水化合物、脂肪、維生素、礦物質及酵素等皆會隨著糞便、尿液及汗水排出體外，也會透過肺排放。酵素的確會被用盡及耗損。它們會經由尿液及汗水，隨著其他「被消耗的」物質一起被排掉。它們未達標準，也不夠好，因此不能留在體內。

我們每天也會透過補充食物來替換所有其他的食物元素。但有些人會有一種錯誤的想法，認為補充食物酵素或酵素補充品是沒有必要的，因為身體會自己製造酵素。實驗室的研究也證實，強迫身體製造額外的高濃度消化酵素會弄巧成拙，因為如此一來將造成其他器官的負擔。

◉ 酵素活性與壽命

藉由簡單的實驗，我們已經了解高溫會使酵素更活躍、也耗損得更快。現在且讓我們研究一下高溫及寒冷對於身體中的酵素有何影響，對於壽命又會產生何種效應。證明這點的最佳方式就是利用水蚤來進行實驗。水蚤生活在池塘、沼澤及較淺的湖泊中，是小魚的食物。這些生物肉眼可見，而且身體是透明的，因此，很方便我們觀察其心臟的跳動及腸道的蠕動。由於牠們是冷血動物，因此壽命會依環境溫度而變化，這也是牠

們被選為壽命研究對象的原因。溫血動物的血液溫度會維持在相當穩定的狀態，而冷血動物的血液在特定範圍內會接近環境溫度。

　　實驗中，將一隻水蚤放入一個裝了水及食物的小瓶子裡，再將幾個一樣的瓶子存放在一個受到控制並維持在特定溫度的水域裡。這些水蚤都受到監測，直到全體死亡為止。接著，計算出牠們在特定溫度下的平均存活時間。針對不同溫度進行的實驗則必須分開執行。此水蚤實驗是由多倫多大學麥可阿瑟及貝利的研究小組所完成。這些試驗有極大的價值，因為我也做過類似的水蚤實驗，因此可印證其價值。表2.2即為此研究小組的結果。

表 2.2
受酵素利用速度影響的壽命

溫度		活存時間
華氏溫度（°F）	攝氏溫度（°C）	天數
46	8	108.2
50	10	87.8
64	18	40.0
82	28	25.6

在最冷的溫度（8℃）下，水蚤可活一百零八天，牠們的動作會變得遲緩，心跳速度每秒不到兩下；在最溫暖的溫度（28℃）下，牠們只活了二十六天左右，但動作卻極為輕快，而心跳速度幾乎達到每秒七下。

◉ 酵素活性越高越快被耗盡

我們可以清楚看出，在溫暖的環境下，代謝酵素必須完成許多工作才能讓這些動物保持快速游動及心跳，並讓其他與快節奏生活有關的身體功能得以順利運作。結果，這些動物的酵素在二十六天之內就耗盡了，此時生命即告終止。在寒冷的環境下，代謝酵素的工作量較少，因為水蚤變得無精打采，心跳速度也減至三分之一，而相關的身體功能也會隨之以一種比溫暖環境下更為緩慢的速度來運作，因此，牠們的酵素潛能直到第一百零八天時才會耗盡，此時牠們的壽命才會劃下句點。依麥克阿瑟及貝利的說法是：「生命的長度與代謝強度成反比。」

我們從這項實驗中學到了什麼？其實簡而言之就是，不管你多麼努力，或多或少你都在消耗酵素。大量且極為繁重的工作代表會流失更多酵素。為了避免這種酵素流失的情況導致壽命縮短，只有一個解決之道——補充外來的酵素強化劑，以減少體內消化酵素的分泌，並讓身體有餘力製造足夠的代謝酵素。

◉ 定期存款到你的酵素帳戶

　　以上的水蚤實驗再次證實，酵素並沒有在混水摸魚，也並非只要存在就能下達魔法般的指令，更不能在毫無損耗的情況下就完成工作。以往的信條是大眾賴以尋求正確資訊的權威來源所公開宣稱的，但這項實驗成果卻證明，酵素確實會**參與**工作，而且會被**用盡**，**在作用過程中也的確會耗損**。此外也證明了，當酵素潛能被消耗到某種程度，會導致壽命終結。根據研究人員的計算結果，無論水蚤是以每秒心跳七下的速度活了二十六天，還是以每秒心跳兩下的速度活了一百零八天，水蚤的整個生命過程中都會出現約一千五百萬下的心跳。有機體可耗費的酵素活性總額是固定的，所有生命活動的進行都恪遵魯伯惹法則（Rubner's Law）*，也使我們再也找不到不接受「食物酵素概念」的理由，並將其視為說明難纏疾病及進行適當處置的基礎。大多數人會花費其「酵素帳戶」中的存款，卻很少進行儲蓄。各種實驗已經告訴我們，酵素是極為珍貴的，所以較明智的做法應是保存體內酵素，並攝取酵素強化劑。

◉ 酵素疲乏時生命即告終結

　　正式的化學理論總愛主張，高溫對酵素有害應歸咎於酵素中的蛋白質變性，對溫度改變所引發的生物反應則避而不談。

---

*註：德國化學家麥斯‧魯伯惹（Max Rubner）在其發表的文章〈生命存續時間的問題〉中指出，有機體的生命長度與其能量的消耗成反比。

這種說法卻無法解釋酵素在26℃的試管中會比在4℃的試管中作用更強（也耗損得更快）的原因，也無法解釋為什麼冷血動物在26℃的環境中會比在4℃時更活躍，卻也更快死亡。兩種情況下的酵素運作機制完全相同，而這也為「生命是一種酵素作用過程，當酵素潛能被消耗至某種程度，生命即告終結」這個論點賦予新的意涵。試問，化學理論能從蛋白質變性的觀點說明這種現象嗎？

◉ 酵素潛能的強度決定壽命

　　我完全能夠理解，對許多讀者而言，要融會貫通及評估「食物酵素概念」的各種要素以及這種概念是否導出合理結論，並不是件容易的事。由於我已經大力鼓吹「食物酵素概念」多年，因此，除了從多項研究報告中收集零星資料來建立全貌，進而證明我的論點，別無他法。在此，我必須再提出另一個支持酵素潛能與壽命密切相關的觀點。酵素潛能的強度不僅決定生命長度，也和有機體維持優良的健康狀態及對付疾病的效能息息相關。

◉ 人年老時體內酵素即會衰弱及耗損

　　與年老時相比，正值壯年的人體內酵素是否強壯得多？年老時的酵素表現應該會較差，若依科學界可接受的說法來表示，即老年人的酵素活性會變得較弱。芝加哥麥可・瑞斯醫院

（Michael Reese Hospital）的美亞（Meyer）醫師與其同僚發現，年輕人唾液中的酵素強度會比年齡超過六十九歲的年長者高出三十倍。德國醫師艾卡特（Eckardt）分析了一千兩百分尿液樣本中的澱粉酶含量，依他訂定的標準，年輕人的樣本平均含有二十五個試驗單位的澱粉酶，而老年人則為十四個試驗單位。在我從科學期刊收集到的資料中，有多分報告都在描述如何透過減少餵食的分量來增加水蚤、果蠅、老鼠及其他生物的壽命。這種結果所代表的意義其實很簡單──所吃的食物較少，代表所需要的消化酵素也比較少，因此有助於維持較高的酵素潛能，而酵素潛能正是能遠離死亡及強化身體以抵抗疾病的重要關鍵。

　　有一分不時發表新觀點的科學期刊曾報導過老年時數種酵素的活性會降低。捷克布拉格查爾斯大學（Charles University）巴爾托什（Bartos）及格羅（Groh）兩位醫師募集到十位年輕男性及十位年長但健康的男性擔任實驗對象，並讓這二十位受測者使用某種藥物來刺激其胰液的分泌量，然後抽取胰液進行檢驗。結果發現，年長男性胰液中的澱粉酶確實稀薄許多。巴爾托什、格羅及其他參與研究的人員因此推斷，較年長的這組人酵素不足的原因應為胰臟細胞受損。其實真正的原因是整個有機體數十億細胞中的酵素潛能枯竭，之所以會發生這種情形，是由於生命將盡時，身體消化液的反常需求所造成的耗損。在胰臟分泌稀少的病例中，僅有極少數被證實是由於胰臟

缺陷所造成的。美國人的胰臟平均重量約為八十五至九十公克，顯然無法供應胰臟分泌所需的大量酵素活動，更遑論為了製造酵素複合體而對蛋白質產生的大量需求。為了製造酵素複合體，胰臟必須想盡辦法取得儲存在全身的蛋白質，這點極為重要，我在後續章節會以完整單元來深入探討。我也將證明，由於酵素潛能遭到竊取，使得胰臟以及整個身體的處境更為險惡，因為酵素潛能還必須設法供應足夠的代謝酵素。

　　還有一些更進一步的證據可用來解釋代謝酵素與所謂「生命」現象兩者間的密切關聯。事實上，我們也不得不面對一項事實──酵素活動相當於用來點燃我們所有日常活動的火花。舉例來說，思考即需要酵素活動的作用。第一位將酵素複合體中負責運送酵素生物活性要素蛋白質結晶化的人，是康乃爾大學的諾貝爾獎得主詹姆斯・巴徹勒・薩姆納（James B. Sumner）。薩姆納將生命定義為酵素有秩序的運作，我則喜歡將生命想成一種酵素反應的總合。當身體的代謝酵素活性由於耗損而降低，而且低至無法持續生命所需的酵素反應，生命即告終結。這也是年老的真正標記，年老等同於代謝酵素活性日漸衰弱。假如我們能夠延緩代謝酵素活性的衰敗，現在所謂的老年便有可能變為生命中最燦爛的壯年期。

　　請仔細思考以下的研究結果。伊利諾大學的兩位伯格（Burge）教授將呼吸的代謝作用或氧化作用歸功於組織的過氧化氫酶，並測量科羅拉多金花蟲身上這種酵素的量。他們在年

輕成蟲身上測得的值為一千七百五十單位，但在較老的金花蟲身上卻只測得九百單位。

　　賓州大學的博丁（Bodine）也發現，蚱蜢、金花蟲及螢火蟲成蟲身上的過氧化氫含量會隨著年老而減少。捷克布拉格查爾斯大學的塞克拉（Sekla）則證明，較老果蠅的身體萃取物中所含的酵素活性比壯年果蠅低。他也檢測了在消化道中進行消化功能及在組織中進行代謝活動的酯酶（Enzyme Esterase）。福爾克（Falk）、諾伊斯（Noyes）以及杉浦（Suguira）等人則測量老鼠體內的脂肪酶。與壯年成鼠相比，年老老鼠身上的這種組織酵素活性較低。我們從這項研究中可以了解，假如一個人在八十歲時還擁有年輕酵素，身體狀況應該還停留在壯年，而非老年。假如在年輕時就開始服用酵素強化劑，等到八十歲時，體內的酵素含量將會比較接近四十歲的人該有的量。

　　以色列技術研究院（Israel Institute of Technology）的厄蘭格（Erlanger）及格申（Gershon）曾將線蟲（一種寄生蟲）選為最適於進行老化研究的有機體。他們證實了這種小寄生蟲體內有三種代謝及消化酵素會在動物年老時失去活性。代謝酵素有數百種，但若考量實驗所需人力，只要有人願意花心思測試其中一種，我們就要額手稱慶了。這項研究所檢驗的酵素包括膽鹼酸酯酶（神經系統）、a-澱粉酶（消化系統）及蘋果酸脫氫酶（呼吸系統）。

在芝加哥的麥可・瑞斯醫院中，美亞、斯皮爾（Spier）與紐威（Neuwelt）在一九三〇及一九四〇年代前後共檢測了九十三位年齡從十二歲至九十六歲不等的受測者消化酵素。雖然較年輕的受測者的消化酵素活性較強而且年齡對其酵素活性也的確有幫助，但還是避免不了浪費酵素潛能多年所必須付出的代價。麥可・瑞斯醫院的調查發現，年老組的重要消化酵素——胃蛋白酶（Pepsin）及胰蛋白酶（Trypsin）——強度會減少至年輕組的四分之一。年長受測者唾液中的澱粉酶也會顯著減少，而年長者胰液中澱粉酶及脂肪酶的減少幅度則不大。

 ## 食物酵素可延年益壽

　　上述證據明確指出，所有活的生物體體內都存在有固定的酵素潛能。如同我所證明的，這項潛能會隨時間減少，並會受生活環境與步調影響。食用無酵素飲食的人會因為胰臟及其他消化器官無節制的分泌而耗掉龐大的酵素潛能。其結果便是壽命縮短（原本可活到一百歲或更久的壽命，結果變成六十五歲，甚至更短）、生病，以及對於各種心理及環境壓力的抵抗力降低。假如能吃含有完整酵素的食物，並在吃熟食時補充酵素膠囊，就可以制止異常及病理性的老化過程。以這類食物療法改善健康，即可延緩各種症狀的發生，也能增強身體免疫系統的功能。

接下來就讓我們來探討酵素本身的神祕活力、在體內的功能，以及在營養與健康上所擔任的角色。

第三章

酵素的眞實面貌

酵素對食物與健康的重要性

我們可以認為只要獲取所有有關維生素與礦物質的知識，就足以了解營養這門科學的全部內容，而不去管其他事實。但事實上，食物的每種成分都有其不可忽略的重要性，包括數百種構成獨特食物要素類別的食物酵素。食物酵素影響有機體的消化與代謝作用時間已有數百萬年，現代人也不可忽略其重要性。為了進一步了解酵素所擔負的角色，以及它們在人體中、在我們吃進去的食物中的基本結構及功能，本章將討論在現代及傳統食物中發現到的各種酵素，以及它們對消化與健康的重要性。如同以下即將說明的，富含酵素的傳統發酵食品、生鮮（相對於烹調過及經過巴斯德殺菌法處理的）乳製品及其他「原始」文化的食物都有科學根據，也是原始人類的生命力及其較少受退化疾病侵襲的重要因素之一。

◉ 酵素與生命

哈佛大學的倫納德・T・特羅蘭（L. T. Troland）博士是第一位針對酵素複合體特性發表活力論修正版的人。他於一九一六年為一份醫學期刊寫了一篇以〈生命的酵素理論〉為題的文章，文中指出：「生命的本質即是催化作用。生命是由酵素建立起來的，是一連串酵素活動構成的。」湯瑪斯・愛迪生（Thomas Edison）在一九二一年表示：「生命是由數百萬個活

在肉眼可見細胞中的小物質所組成。」牛津大學權威學家狄克遜（Dixon）與韋伯（Webb）在他們於一九五八年出版的酵素相關著作中則指出：「整個有關酵素起源的主題就像生命起源一樣困難重重，而兩者基本上是同一件事。我們可以像霍普金斯（Hopkins）談論生命降臨一樣篤定地談論酵素的出現，因為這是有史以來宇宙間最不可能發生、也是最重要的一件事。」

當薩姆納教授因為首次證明酵素可被結晶化而得到諾貝爾獎時，這項發現被報紙譽為解開酵素謎團的最後勝利，並一舉確立了酵素系譜，但事實上並不是這麼回事。我們對實際造成酵素作用的原因並沒有比以前更了解。打個比方，假若脫掉一個男人身上的西裝，可能更容易看清楚他實際的樣子。但脫掉他所有衣物，只剩裸露的身體，也只能夠將他的外觀看得更清楚而已，仍舊無法了解他體內的情況及他真正的面貌。同樣地，光是觀察酵素結晶的裸露外觀仍無法了解其內部的活動。世人對酵素結晶化的吹捧與其在基礎生理學上的真正價值完全不成比例，這項發現也遮蔽了酵素的真實身分。而對各種推測提出一針見血看法的則是布倫迪斯大學（Brandeis University）的威廉・詹克斯（W. P. Jencks）博士，他在參加一九七〇年於牛津大學舉行的生化與化學學會聯合會議之前表示：「各位不須了解酵素生理學即可確立其結構。」

芝加哥大學夏弗納（K. F. Shaffner）博士在一九六七年寫道：「過去、甚至直到最近都曾有多位著名的生物學家及物理

學家主張，目前想依照有機體的化學構造來說明其行為是不可能的。」全國健康組織（National Institute of Health）的塞門・布雷克（Simon Black）於一九七〇年在一篇以〈細胞前演化與酵素起源〉（*Pre-Cell Evolution and the Origin of Enzymes*）為題的報告中指出，現今由酵素在毫秒內即可完成的過程曾經可能必須耗費數百年的時間。莫斯科巴克生化組織（Bach Institute of Biochemistry）的奧泊林（A. I. Oparin）於一九六五年發表的報告〈生命起源與酵素起源〉中則表示：「酵素第一次的出現與生命的出現密不可分。我們無法以相同方式來複製這段自然發生的過程，因為它需要數十億年的時間。」

◉ 生命要素

　　酵素是使生命存在的重要物質。人體中的每一種化學反應都需要酵素。礦物質、維生素或是賀爾蒙如果缺乏酵素即無法發揮任何功能。我們的身體、全部器官、組織及細胞都由代謝酵素運作。酵素是利用蛋白質、碳水化合物及脂肪來建造身體的工人，與蓋房子的建築工人極為類似。即便擁有所有蓋房子的材料，但少了工人（酵素），甚至連開工都沒辦法。

 酵素在體內的功能

　　《蘇格蘭醫學期刊》（*Scottish Medical Journal*）的編輯於

一九六六年發表過以下的評論：「我們體內每天產出的蛋白質可能將近一半是由酵素組成的，而每個人就像所有有機體一樣，可視為一連串酵素反應有次序整合的結果。」這也表示，我們的呼吸、睡眠、進食、工作，甚至思考，都仰賴酵素。胰臟是一座專門生產消化酵素的最大工廠，但胰臟製造酵素的過程也不過就像美國鋼鐵公司的作業──鐵被運入工廠，然後經過改造變成最後的成品。同樣地，胰臟會從身體細胞或血液中取得酵素前驅物（Enzyme Precursor），並用來製作酵素。由於身體每天都必須產出使身體有效運作所需的酵素量，因此負擔極大。不幸的是，我們並未意識到這點，否則我們將會非常謹慎地使用酵素，不太可能隨意浪費。我們時時都在使用酵素，同時也將其排泄到尿液、糞便及汗水中。每家醫院的實驗室中都可發現它們的蹤影。無論是消化食物、使心臟跳動，或是使腎臟、肝臟及肺臟運作，甚至是思考，都須要酵素的參與。

　　若少了酵素，生命便無法存在。酵素會將我們吃進去的食物轉化成可通過消化道細胞細胞膜並進入血液的化學結構。食物必須經過分解，最終才能通過細胞膜。酵素也有助於將分解後的食物轉化成新的肌肉、骨骼、神經及腺體。酵素會與肝臟合作，協助儲存多餘的食物，以備未來的能量與建造所需──它們對腎臟、肺臟、肝臟、皮膚及結腸等的重要排泄工作也能提供一臂之力。也許要寫出酵素不做的事還比較容易，因為它們幾乎參與了生命的每種機能！

有一種酵素專門協助將磷建造成骨骼，有一種則能夠促進血液凝結、停止出血。紅血球細胞需要靠另一種酵素才能固定鐵質，還有一些酵素會負責提供氧化作用——氧氣與其他物質的結合。酵素真可說是身體的煉金士，能將蛋白質、糖或碳水化合物轉化成脂肪。含碳水化合物的熟食被用來幫助農場動物增胖。相反地，在動物冗長的冬眠期或是人類為了減重而自主進行斷食的期間，酵素則會將脂肪轉化成碳水化合物，來補充身體的能量。雖然接下來的討論將著重在消化道中的酵素，還是要請各位務必銘記在心，酵素也不間斷地在進行數千種的代謝工作。

◎ 消化酵素

人體所分泌的消化酵素中最有效能的就是澱粉酶與蛋白酶。這兩種酵素負責處理兩種食物成分的分解工作，分別為碳水化合物與蛋白質。唾液會供應高濃度的澱粉酶，而胃液則含有蛋白酶；胰臟所分泌的消化液含有高濃度的澱粉酶與蛋白酶，以及負責處理脂肪的脂肪酶，然而，與澱粉酶與蛋白酶相較，脂肪酶的濃度顯得較為稀薄。另一種由胰臟分泌的較少量酵素——麥芽糖酶（Maltase），可將麥芽糖變成葡萄糖。進入消化道之後，腸內的酵素也在持續努力分解半消化的食物。

雖然在消化液中只有澱粉酶及蛋白酶的濃度較高，但若因此推斷這兩種酵素承擔了大部分的消化工作卻是錯誤的。這種

推論未考慮到食物酵素及其他在消化過程中出現的酵素。

　　這些食物酵素工人並未偷懶，它們為了建造植物及動物的數百萬細胞並在之後再加以分解，因此日夜趕工。幾世紀以來，人類都利用這些酵素來對食物進行預消化，然後再吃下這些食物。發酵食品及陳年食物都會被本身蘊含的酵素或常用來製作發酵麵糰、優酪乳及乳酪的「菌元」（Starters）進行預消化。在本章稍後的內容中，我將詳細探討酵素在調理食物上的傳統用途。現在我先介紹一些常見的食物及其食物酵素。

　　所有未經烹調的食物都含有大量與其食物營養成分相符的食物酵素。舉例來說，乳製品、油脂、種子及核果這類脂肪含量相當高的食物會含有較高濃度的脂肪酶，以協助消化食物中的脂肪。穀物這類碳水化合物則含有較高濃度的澱粉酶，而其所含脂肪酶與蛋白酶就較少。相反地，瘦肉含有大量的蛋白酶（組織蛋白酶）及極少量的澱粉酶。低熱量的水果與蔬菜則含有較少量的蛋白質、澱粉消化劑（Starch Digestant）與相當大量的纖維酵素，後者是分解植物纖維的必需物質。如果想列出所有名單，可能永遠也列不完，但重點在於大自然其實已經賦予所有生食適當且均衡的食物酵素量，以供人類使用，或使這些食物在人體外腐爛。

　　表3.1列出指定食物中所檢出的各種酵素。食物中顯然還存有許多表中未列出的酵素。這只是根據在學術期刊中找到的眾多研究報告所整理出的概要。

表 3.1
食物中的酵素

食物	研究人員	年份	酵素
蘋果	李伯曼（M. Lieberman）等人	1966	過氧物酶
香蕉	近藤（K. Kondo）等人	1928	澱粉酶、麥芽糖酶、蔗糖酶
甘藍菜	魯賓（B. Rubin）等人	1935	澱粉酶
玉米	帕德瓦丹（V. N. Padwardhan）等人	1929	澱粉酶
蛋	萊恩威弗（H. Lineweaver）等人	1948	三丁酸甘油酯酶、脂肪酶、磷酸酶、肽酶、過氧物酶、過氧化氫酶、氧化酶、澱粉酶
葡萄	馬克（A. T. Markh）等人	1957	過氧物酶、多酚氧化酶、過氧化氫酶
四季豆	拉巴爾（J. Labarre）等人	1946	澱粉酶、蛋白酶
芒果	梅特（A. K. Matto）等人	1968	過氧物酶、過氧化氫酶 磷酸酶、去氫酶
楓樹汁	博伊斯（E. Bois）等人	1938	澱粉酶
肉類	貝爾曼（M. B. Berman）	1967	組織蛋白酶
肉類	盧塔洛-博薩（A. J. Lutalo-Bosa）等人	1969	組織蛋白酶
牛奶	威克爾（K. G. Weckel）	1938	過氧化氫酶、半乳糖酶、乳糖酶、澱粉酶、甘油三油酸酯酶、過氧物酶、去氫酶、磷酸酶
蘑菇	多多諾娃（M. E. Dodonowa）等人	1930	麥芽糖酶、肝醣酶、澱粉酶、蛋白酶、過氧化氫酶
馬鈴薯	普雷西（R. Pressey）	1968	轉化酶
生蜜	吉列（C. C. Gillette）	1931	過氧化氫酶
生蜜	洛斯羅普（R. E. Lothrop）等人	1931	澱粉酶
米	卡爾瑪卡爾（D. V. Karmarker）等人	1931	澱粉酶

表 3.1（續上表）
食物中的酵素

食物	研究人員	年份	酵素
大豆	諾沃泰爾諾夫（N. V. Novotelnov）	1935	氧化酶、蛋白酶、脲酶
草莓	賴弗（I. Reifer）等人	1968	去氫酶
蔗糖	哈特（C. E. Hartt）	1934	澱粉酶、過氧化氫酶、腸蛋白酶轉化酶、麥芽糖酶、氧化酶、過氧物酶、麥芽蛋白酶、蔗糖酶、酪氨酸酶
地瓜	吉里（K. V. Giri）	1934	澱粉酶
蕃茄	內縢（H. Naito）等人	1938	氧化酶
小麥	卡爾瑪卡爾等人	1930	澱粉酶
小麥	蒙菲爾德（J. D. Moun-field）	1938	蛋白酶

最早接觸到的食物酵素

　　從遠古時代起，人類的嬰兒就已經在出生後頭幾年從母乳中獲取多種酵素。包括愛斯基摩人在內的部分族群通常都習慣哺餵嬰兒母乳兩、三年的時間。但過去一個世紀以來，許多婦女卻不再親自哺乳，而改餵巴斯德殺菌乳。如今許多嬰兒都無法獲得奶中的酵素。這種情形好嗎？嬰兒體內的酵素工廠從出生那天起就被迫全力運轉，誰能預測五十年後會引發什麼樣的效應？或是將會產生什麼樣的不良後果，進而對未來世代的健康造成危機？想到目前人類所罹患的疾病，如果我們還對潛藏

但卻極為真實的致病原因視而不見，那是再愚蠢不過了。唯有睜大雙眼，才有可能根本解決癌症與心臟病等致命疾病。

小兒科醫師阿爾沙夫斯基（I. A. Arshavskii）在一九四〇年寫過一篇醫學報告為〈母乳的脂肪酶及其與奶瓶餵食的缺點相較之下所顯出的重要性〉。他對一項事實感到很憂心——儘管人乳含有適量的脂肪酶，但如果嬰兒還是從奶瓶吸吮巴斯德殺菌乳，就幾乎無法獲益。阿爾沙夫斯基醫師相信，人乳中的脂肪酶可彌補人類嬰兒胰液的不足，並建議在以奶瓶餵食嬰兒奶粉時必須添加脂肪酶補充品。這位優秀的醫師因此成為有史以來第一位支持食物酵素有益人類營養的人。

另一方面，現今喝慣可樂的母親所能供應的母乳可能還比不上巴斯德殺菌乳。但在軟性飲料（Soft Drink）尚未流行前，卻有幾分醫學文獻證明母乳確實比奶瓶餵食還理想，其中一分由羅許學院（Rush Medical College）的格魯利（Grulee）、桑福德（Sanford）及赫倫（Herron）於一九三四年九月在《美國醫學學會期刊》（*Journal of the American Medical Association*）發表的論文〈餵母乳及人工餵乳〉，就調查了兩萬零六十一名嬰兒。結果可分成三種類型：48.5%的嬰兒是完全喝母乳，43%則是有時喝母乳，而其餘的8.5%則是喝巴斯德殺菌法處理過的牛奶。表3.2中列出了三個群組的罹病率。

由表3.2我們可以了解，完全喝母乳（獲得所有母乳酵素）的嬰兒與只有偶爾喝母乳或是奶瓶餵食的嬰兒相比，罹病率明

表 3.2
餵母乳及奶瓶餵食的嬰兒之罹病率

	餵母乳	有時餵母乳	奶瓶餵食
罹病率（共有20,061位受測者）	37.4%	53.8%	63.6%

C. G. Grulee 等人（1934），餵母乳與人工哺乳，《美國醫學學會期刊》，103（10），735。

顯低許多。由此也可推斷，後兩組嬰兒的食物酵素攝取量不是較少，就是根本沒有。假如有人認為表中數字所顯示出的差異是由於其他原因造成的，而不能根據食物酵素的攝取量來判斷，當然也有自由針對細節發表意見。

　　我不打算多費唇舌說明免疫因子可藉由授乳從母體傳遞給嬰兒這類概念，因為消息靈通者不是對此早已熟知，就是抱持懷疑。但極少人知道，人乳與牛乳都含有豐富的酵素，只是牛乳中的酵素會被巴斯德殺菌法所摧毀。我希望提供足夠的資訊，讓讀者可選擇如何衡量一件嬰兒疾病或死亡個案中每種可能因素所占的比重。沙哈尼（Shahani）等人於一九七三年發表在《乳品科學期刊》（*Journal of Dairy Science*）上的文章〈牛乳中的酵素〉中指出，目前至少已從牛乳中清除或分離出二十種酵素。這些研究人員也坦承，這些酵素有絕大部分在隨著食物被吞下肚之前，我們無法得知其功能。如果我們認為單一食物中種類繁多的酵素能夠被嬰兒攝取（嬰兒體內的消化液並不健全），而不會對一些功能造成絲毫影響，那也太過天真了。

我要強調一件事實，牛乳中有多種酵素被巴斯德殺菌法摧毀，因此才促使人類下定決心，想了解這些酵素是否對健康有利、是否可抵抗疾病。

即便是以母乳哺育，嬰兒也並未從母親身上獲得對抗許多疾病的免疫力，但他們的確可獲得母乳中的酵素。巴斯德殺菌乳中缺乏任何母乳中的酵素是否就是提高嬰兒罹病率或死亡率的原因，目前尚未能下定論，但由於母乳中含有豐富的澱粉酶，而牛乳即使未經巴斯德殺菌法處理，澱粉酶的含量也相當不足，因此，有許多醫師要求讓以奶瓶餵食的嬰兒補充澱粉酶。嬰兒的唾腺在早期不會分泌澱粉酶，當他們開始食用澱粉食物，卻需要這種酵素。另一派醫師認為，嬰兒需要的是胰臟的脂肪酶，因為嬰兒的胰臟分泌功能並不健全，而市售奶粉卻只含極少量的脂肪酶。

母乳對幼小動物而言，是牠們在出生後好幾個月當中唯一的食物。牠們不但靠它成長，攝取大量不同種類的酵素也有益健康。這項事實比任何實驗更能夠證明，母乳是一種完整的食物，至少對一個正接受哺乳的嬰兒或動物而言。餵母乳的歷史約有兩億年，更可證明從乳腺確實可取得充足的營養。根據一分由威斯康辛大學葉克爾（K. G. Weckel）於一九三八年所發表的報告指出，牛乳中含有以下重要酵素：過氧化氫酶、半乳糖酶、乳糖酶、澱粉酶、三油酸脂酶（Oleinase）、過氧物酶、去氫酶與磷酸酶。衛生部門曾以磷酸酶確認巴斯德殺菌法的溫

度已經高到足以摧毀細菌。舉例來說，假如將牛乳放在大約62℃的溫度下進行巴斯德殺菌法半小時，不僅細菌會被殺死，連磷酸酶及其他酵素也會被破壞。假如牛乳中還可發現不少的磷酸酶，即無法通過「磷酸酶試驗」（Phosphatase Test）。

酵素、穀物與發芽

人們會廣泛使用小麥、大麥、玉米及米等穀物，但有關這些穀物所含食物酵素的知識卻鮮為人知。在穀物家族裡，較為人所熟知的當屬大麥，因為大麥是釀造業的主要原料。大麥會發芽長出麥芽，在此過程中，酵素（尤其是澱粉酶）會增加。

只要增加水分並置放於適當溫度下，任何種子都會發芽。休眠中的種子含有澱粉，這是一種儲藏品，當四周環境適合種子發芽及長成一株植物，澱粉即是其能量的來源。在大自然條件適合其成長之前，種子有時必須休息或休眠幾個月甚至幾年的時間。休眠中的種子即含有酵素，但由於酵素抑制劑的存在，因此可防止酵素發揮作用。發芽過程則會使抑制劑失活，並釋出酵素。酵素抑制劑屬於種子作用機制的一部分，並有其特定功能。但這些抑制劑卻不適合我們的身體，它們可能會妨礙我們體內酵素的活動。我會在第七章說明消除酵素抑制劑的方法。

發芽會使酵素活動大量增加。在自然發芽或是人工發芽過

程中的適當時機，澱粉酶會將澱粉轉化成可在成長的植物中自由循環的糖分，並成為能量來源。當我們食用穀物加工食品或馬鈴薯等澱粉類食物，也會發生同樣的過程。唾液中的澱粉酶又稱唾液素，唾液素也會開啟將澱粉轉化成糖分的過程。澱粉分子無法與我們的血液結合，也無法在體內循環，但糖分卻可四處遊走，甚至深入體內每個隱密角落，來傳送能量。

　　酵素會在發芽的大麥中製造一種糖分，即是我們所熟知的麥芽糖，經釀造後就變成啤酒。雖然玉米及小麥中的酵素也可能由於發芽而大量增加，這類產品的市場需求卻不多。但在東方，米經酵素改造後，便成為含酒精的飲料——清酒。幾世紀以來，酵素一直被用來生產各式東方食品，如味噌、豆腐及丹貝（Tempeh，一種印尼傳統的大豆發酵食品）等大豆製品都必須靠酵素才能進行適當的轉化過程，變成優良食品。數千年來，這些食物已供應亞洲人大部分的飲食需求，在西方世界也日漸普及。

◉ 現代穀類的酵素含量少

　　和動物體內的消化作用相關，穀物中的主要酵素包括澱粉酶、蛋白酶及脂肪酶。當農場動物吃了這些穀物之後，其中的酵素即會在消化道上半部率先對澱粉、蛋白質及脂肪展開消化作用，某些情況下甚至還會持續到盲腸（大腸前端）。在工廠化的農場出現以前，穀物會經歷部分發芽的過程，但現代的穀

物卻完全是休眠的種子。

　　由於以聯合收割機收割的穀物酵素含量減少，家畜或家禽就不如以往那麼容易消化穀物中的營養成分，這也說明了在飼料中添加酵素日益普遍的原因。現今使用的穀物聯合收割機雖大幅減輕了農民的工作量，卻也因此必須在白麵粉中添加澱粉酶與蛋白酶，才能使每一條麵包的大小與質地都一致。不用說，消費者並無法從這些酵素添加物獲益，因為烘烤過程會殺死這些嬌貴的捐助者。在以往，穀物收割後會被捆成一大束，成束的穀物會被做成禾束堆，豎立在田裡好幾週。之後，這些禾束堆會被集結成好幾堆，在打穀之前還會被置放在田裡幾週的時間。在這段於田裡日曬雨淋的期間，穀物的種子會接觸到雨水及露水，這些水分會浸入禾束堆中使其溼透，穀物也會吸收到這些水分，再加上陽光的熱氣，這些理想條件就非常有利於穀物發生某種程度的發芽及內含酵素的增加。現今則在利用聯合收割機收割後就會立刻將穀物從莖桿上分離，以便將穀物運至穀倉存放。如此一來，這些穀物也不會經歷日曬雨淋的過程以及後續的酵素發展，結果變成了成熟但休眠的種子。

　　我們可以看到麥芽釀製業及釀酒廠一直以來都相當喜歡使用酵素，但目的只是為了協助產品的製造。麵粉碾磨廠及麵包師傅也喜歡酵素，但一樣只是為了達成作業目的。同樣地，當家畜及家禽的飼養者在飼料中添加酵素，目的也只是為了謀取利潤。消費者並無法從上述任何一項做法獲得酵素的好處。這

些酵素全都在廚房或工廠的「食物酷刑器」中被摧毀了。在肉品包裝及加工業的情形也一樣。肉類含有好幾種酵素，但這些酵素也全都在到達消費者手上之前即遭到破壞。

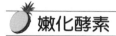 嫩化酵素

　　肉品熟成（Aging）以及促進其柔嫩度與加強其風味的花招已行之有年。熟成過程包括將產品置放在溼度與溫度都適當的環境中，這可讓組織中的組織蛋白酶緩慢地分解被懸掛的肉塊，其過程和消化道中的作用及我們所熟知的自溶作用沒什麼兩樣，這是食物酵素發揮作用的一項範例。肉食性動物吞進整隻動物時，獵物的細胞自溶酵素即會變成食物酵素，並在宿主胃中發揮功能，而肉品熟成過程也會發生同樣的情形。肉塊上零星的嫩化物質現在被廣泛地使用。這些粉末通常包含了一種從青木瓜或真菌萃取而來的酵素。這種粉末狀酵素若被放入溫水中攪拌，並塗抹在以叉子刺了幾個洞的肉塊上，可發揮更佳的功效。這種方式能使酵素滲透得更深入，進而改善柔嫩度。在烹調前先等一段時間，讓酵素進行作用，可獲得不錯的效果，但時間不宜過久，否則肉品會變得太軟。同樣地，消費者在此也無法得到任何組織蛋白酶以及肉中所含酵素提供的好處，因為這些酵素在烹調過程中全都被摧毀了。消費者其實也無法從嫩化酵素獲益，因為它們也全都在烹調時的加熱過程中

暴斃了。

肉品加工業還有一種嫩化肉品的臨時做法是在即將屠宰牲畜前把酵素注入動物的循環系統中，這些酵素會經由血液循環而流經全身，一般認為這種做法比塗抹法更有效。

 ## 這就是預消化——生蜜

生蜜因含有大量的植物澱粉酶而備受矚目。這些澱粉酶並非來自蜜蜂，而真的是植物酵素，是由花粉濃縮而成。萬塞爾（Vansell）證明在pH值約等於4時植物澱粉酶的活性最強，對蜜蜂的澱粉酶而言則是接近7時，進而確定蜂蜜澱粉酶的來源。假如我們想對某種澱粉食物進行預消化，譬如麵包，可以在上面塗抹一些生蜜。從蜂蜜和麵包接觸的那一刻起，蜂蜜酵素就會展開預消化，而咀嚼時，還會陸續發生更多的消化作用。假如這片塗有蜂蜜酵素的麵包在被吃下之前還有機會被置放在室溫下十五分鐘，將能為唾液中的澱粉酶減輕不少工作*。

生蜜中的澱粉酶可以將澱粉立即轉化成麥芽糖，但一般加熱過的液狀蜂蜜則無法發揮任何功效。市售蜂蜜會被持續加熱二十四小時，以防止其凝固及變混濁。加熱過程會破壞澱粉

*出版社注：最新研究顯示，不管是生蜜或是經過巴斯德殺菌法處理過的蜂蜜都不能拿來餵食一歲以下的嬰兒。蜂蜜中的孢子可能會造成嬰兒肉毒桿菌中毒，這是一種不常見卻潛藏致命危險的疾病。

酶，而生蜜中的澱粉酶含量比大部分食物更為豐富。一九三○年頒布的《德國蜂蜜法》（*German Honey ordinance*）規定，蜂蜜中除非含有澱粉酶，否則不得當作食品銷售給一般消費者，不含澱粉酶的蜂蜜將供糕餅業使用。而荷蘭則在一九二五年通過一項法令，明文規定除非包裝標明產品是加熱過的蜂蜜，否則蜂蜜中必須含有澱粉酶。不過，美國地區卻未有任何規定來防止蜂蜜的酵素含量被剝奪。一九三一年，華盛頓化學與土壤局（Bureau of Chemistry and Soils）的洛斯羅普（R. E. Lothrop）及潘恩（H. S. Paine）調查了二十六種美國蜂蜜中的澱粉酶含量，其結果也證實，蜂蜜中的澱粉酶確實為一種植物性食物酵素。

蜜蜂之所以會釀蜜是為了儲存寒冷日子裡的食物，因為那時將沒有任何花朵可供應花蜜。養蜂人則希望維持營利，因此，他會取走比他應該拿走的量還多的蜂蜜，使得蜜蜂早在春天植物再次生長之前，就已吃光冬天的存糧。此時，養蜂人會放入幾盤用糖溶解而成的水，作為蜜蜂的食物。這種以糖水餵食的做法在北方國家相當普遍，卻未考慮到消費者的權益，因為消費者吃到的蜂蜜是被迫以殘骸似的精製糖維生的蜜蜂所釀製的。沒有一位以動物為實驗對象的科學家曾想過以糖分來餵食其實驗動物！但此舉的確能增加獲利。在二次大戰期間，糖變得極度匱乏，並且是定量配給，但蜂蜜生產者卻獲得特別高的優先配給權，以便領用數千公噸的糖來餵養蜜蜂。

 **生乳製品**

在違反生態的現代生活環境中，由於生乳在送達消費者手上的過程中可能遭到汙染，因此容許對牛奶進行巴斯德殺菌是有一些道理的。對傳染疾病而言，生乳是一種極為方便的媒介。在家庭農場中，所生產的牛奶只供家人使用，因此沒有使用巴斯德殺菌法的需求。我還是小男孩時，學校放假期間，我通常都在農場中度過，當時牧人不會餵食農場上的動物，因此牠們只能自行啃食牧草，以及在森林中覓食。我們也看不到有著碩大乳房、可生產大量牛奶的乳牛，但這些牛從未生病，很少須要看獸醫。與這種情形成對比的是那些有著龐大乳房的冠軍乳牛，這種乳牛通常會罹患乳腺炎，也因此深受流膿之苦，這種會產生難聞氣味的症狀幾乎必須不間斷地使用盤尼西林，才能保持乳腺暢通。這些多產乳牛被餵食噁心的濃縮液及其他不符合「酵素營養」原則的飼料，而各位又將獲得什麼樣的產品？是較次級的牛奶，或是大量會造成心血管疾病的牛奶？

蘇俄的研究人員曾經持續十二年觀察一百八十位住在達根斯頓鎮（Dageston）及週遭地區、年齡從九十至一百歲不等的居民（男女皆有）。結果發現，住在鎮上的人比住在鄰近山區的人體重要重，也罹患較多的血管疾病。這些研究對象全都會吃肉，但鎮上居民比山區居民吃較多含碳水化合物的食物，後者的飲食以乳製品及蔬果類為主。現代營養學譴責奶油是膽固

醇的來源，但這些蘇俄人毫無顧忌地食用大量奶油，卻還是活到了九十歲以上，以上資料取自一九七三年的俄文期刊《飲食問題》（*Voprosy Pitaniya*）。在另一項研究中，梅契尼科夫（Metchnikoff）則針對以生乳製品為主食並活到一百歲以上的保加利亞人所居住的社區進行研究。我們難道也要對這項證據視而不見？也許這些純樸居民所食用的牛奶及奶油和我們所食用的有些差異。事實上，牛奶中有90%以上的酵素都被巴斯德殺菌法摧毀了。化學家已在生牛乳中找到三十五種酵素，其中包括要角之一的脂肪酶。我們還要忽視食物酵素的價值多久？

未經過巴斯德殺菌法處理的牛奶及奶油已經被食用好幾千年，一直以來也都為其使用者帶來良好的健康。從希波克拉底（Hippocrates，古希臘名醫）的時代開始，醫生都將生牛乳及生奶油當成治病時的治療劑。

過去許多國家也都仰賴乳製品作為主食，但隨著巴斯德殺菌法的引進，不可思議的事情發生了，乳製品在一夕之間喪失了原有的健康魅力，幾乎像是有人揮了揮魔法棒，轉眼間，乳製品就被下了詛咒。舉例來說，在牛乳及奶油尚未因巴斯德殺菌法的高溫而喪失脂肪酶的年代，有無數人以乳製品維生，沒有人罹患動脈硬化（由於膽固醇堆積所導致的動脈阻塞），其癥結即在於脂肪酶能夠處理膽固醇。而今，我們已喪失馴服這項殺手的利器。

脂肪酶還是濃稠、不透明的橄欖油及其他油脂中的貴客，

不過，當工廠為了使這些油脂變清澈而進行加工，脂肪酶即被掃地出門了。巧合的是，這類油脂的銷售量與現代的癌症相關死亡率同時上揚。這些有關脂肪酶價值的強力跡證就是必須優先研究脂肪酶的原因，以便測試其抑制致病效應的能力。

愛斯基摩人與生食飲食

我們必須特別檢視原始、與世隔絕的愛斯基摩人的生活。自從飛機侵入極北地區後，這支強壯而健康的民族就大幅度地接受部分不良的文明生活。但愛斯基摩人原本的生活習慣與風俗仍然很有參考價值，能讓我們了解如何才能達到良好的健康狀態，因為愛斯基摩人以保留體內酵素的方式生活，並使用外源酵素來輔助食物的消化。

我並非建議各位仿效原始愛斯基摩人的生活，或試圖靠生肉過活。植物性食物在極北地區幾乎不存在，愛斯基摩人必須適應環境並以當地的食物維生，因此不得不改良動物的肉質，此舉不僅是為了獲取能量，也是為了維持健康情況良好及預防疾病。

沒有證據顯示，人類能靠含有大量未經改良的新鮮生肉維繫生命。肉食性動物偏好的肉有部分其實已經過局部自溶的過程，牠們也會設法讓蛋白質分解酵素（組織蛋白酶）對食物進行最大程度的分解。愛斯基摩人總是利用肉類及魚所含的食物

酵素（組織蛋白酶）來協助進行魚、肉的預消化及消化。

接下來，我將摘錄幾位專家對原始愛斯基摩人的生活觀察報告內容。這些觀察結果說明了「愛斯基摩人」這個源自某美洲印第安人語言的名詞有多麼貼切，因為這個詞即表示「他生吃食物」。

◉ 專家對愛斯基摩人飲食的看法

麥米倫（D. B. MacMillan）是一位探險家及北極專家，他在格陵蘭與原始愛斯基摩人共同生活了六年，他在《國家地理雜誌》上做過以下描述：「一手握住一顆生的冷凍肝，另一手則抓著一塊海豹的肥厚油脂，他們坐下來盡情享用愛斯基摩人的麵包及奶油。在捕獵海象後，他們享用的晚餐是從海象胃中挖出的生蛤蜊。」

比爾克特-史密斯（K. Birket-Smith）在他的著作《愛斯基摩人》（*The Eskimo*）中特別提到，肉會被儲存起來並經歷自溶的過程，期間會產生全新的風味，使得「海象的肉嚐起來類似刺鼻又濃郁的陳年乳酪。」

道格拉斯（W. O. Douglas）則在一九六四年五月出刊的《國家地理雜誌》上寫道：「班克斯島（Banks Island）上的愛斯基摩人說，冷凍魚及冷凍馴鹿似乎比煮熟的肉更能提供他們『力量』。」

由羅伯特・巴特萊特（Robert A. Bartlett）所著、小梅納出

版社（Small Maynard & Co.）於一九一六年出版的《卡爾路克號的最後航程》（*The Last Voyage of the Karluk*）一書中，描寫了他與西伯利亞地區愛斯基摩人一起吃的一頓大餐，他們大啖了冷凍馴鹿肉。

加伯（C. M. Garber）在由海基亞（Hygeia）於一九三八年出版的《與愛斯基摩人共餐》（*Eating with the Eskimos*）一書中則提到：「阿拉斯加的愛斯基摩人食用大量的瘦肉以及豐富的鯨脂。他們只有在極少數的情況下才會烹煮食物。一般的習慣是直接生吞。」根據加伯的說法，愛斯基摩人愛好一種冷凍的生魚肉——**提默克**（Titmuck），會將其切割至均等大小，吃的時候則以杓舀取。

育空（Yukon，位於加拿大西北部地區）的高特（J. L. Coudert）主教曾經以雪橇狗代步的方式在當地印第安部落間旅行了二十年，他幾乎完全靠麋鹿肉及魚肉維生，而且是將其冷凍後生吃。高特主教曾在一分報紙的報導中表示：「我每年都覺得自己愈來愈健康。」

與北極探險隊遠征格陵蘭的醫師威廉‧A‧托馬斯（William A. Thomas）曾說：「格陵蘭愛斯基摩人的飲食內容包括鯨魚、海象、馴鹿、麝香牛、極地兔、北極熊、狐狸、雷鳥、野鳥及魚等肉類，通常也都寧可生吃。」

拉比諾維奇（I. M. Rabinowitch）醫師是早期加拿大探險隊的一員，他們專門研究加拿大極地愛斯基摩人的生活、風俗與

健康。他描述他們都生吃肉，也吃除了北極熊以外幾乎所有動物的肝。他們會將肉貯藏起來使其經歷自溶的過程，然後才食用，也會善加利用海象及馴鹿胃中的內容物。

　　人類學家斯蒂芬森（V. Stefansson）在加拿大北方的愛斯基摩人地區住了約七年的時間，並成為原始愛斯基摩人生活的研究權威。他在許多期刊發表的研究報告都強調，這些愛斯基摩人健康狀態極為良好而且不受疾病侵襲。雖然深入極北地區的探險家一般都會為其探險旅程準備鹹豬肉及乾糧，斯蒂芬森卻力行愛斯基摩人的飲食習慣。他花了一些時間才習慣食用生肉或半熟肉的飲食方式，並克服對鹽的渴望，但還是忍受了更長一段時間才學會享用難聞、全生的冷凍魚，並親身體驗到吃這種食物後所產生的健康感。斯蒂芬森觀察到當地人會將魚埋在洞穴裡（位於終年積雪的地表，是愛斯基摩人的冷藏室），並在魚變質後取出，再帶回住處解凍。他描述其大小及外觀就像冰淇淋一樣。他們也會將馴鹿胃中半消化的植物性食物取出來，淋上油脂，當成沙拉來吃。從北極回來後，斯蒂芬森在一九二九年於李爾柏（Lieb）的貝勒維醫院（Bellevue Hospital）接受醫學檢查及研究，結果並未發現任何缺乏症的徵兆。

　　厄克特（J. A. Urquhart）醫師發表過一些啟發人心的評論，應可消除多數人看到愛斯基摩人食用「變質」肉及魚肉時對「肉毒胺」（Ptomaine）中毒的憂慮及恐懼。厄克特醫師曾寫道：「他們殺了一隻馴鹿，並任由屍體躺在地上好幾天，再

移除內臟或加以分割。人類在狗身上發現的經驗，引發一項與變質的未烹調食物相關的有趣觀點。假如一支雪橇狗隊伍持續兩週每天辛苦工作，並被餵食從冰下抓起來後立即結凍的新鮮、未變質魚肉，則狗的體重會減輕，並明顯出現體力耗損的情況。而假若這些狗被餵食已經懸掛一段時間的魚或變質魚肉，牠們就能從頭到尾保持同樣旺盛的精力，而且時常還能增加一些體重。造成這種情形的原因，與其說是細菌分解，不如說是自溶作用的影響，也就是預消化所發揮的效果。」

讓我們再聽聽拉比諾維奇醫師對「變質」的肉與魚肉的說法：「和人類一樣，我們在狗身上也未觀察到任何因吃下腐敗肉而產生的疾病。在四十六位愛斯基摩人的血液中所發現的非蛋白氮平均濃度高於其他地區的人，這顯然要歸因於他們吃下的大量肉類，而且還是在這些肉腐敗的狀態下食用的，這點足以說明胺基酸值偏高的原因（蛋白質水解）。」

我們千萬不可忽略一項事實，肉及魚肉都含有廣泛而豐富的蛋白質分解酵素——組織蛋白酶，當各項條件都具備，這種酵素隨時可啟動並著手分解其主人的死屍。肉類食物中也含有對脂肪磨刀霍霍的脂肪酶，這些酵素為了執行及輔助消化所進行的工作也許遠比在拉比諾維奇的實驗中所顯示的（只不過是非蛋白氮及胺基酸含量偏高的原因）要重要得多，影響也更為深遠。

根據「消化酵素適應性分泌法則」，若有機體食用部分分

解的「變質」食物，本身必須分泌的酵素便會較少，因此而保留的能量可能正是愛斯基摩人及其他以這種飲食維生的人能擁有精力與充沛活力的關鍵。

以肉為主食的愛斯基摩人享有良好健康的祕密不在於他們吃肉，而是他們不會由自己的酵素負責所有消化工作。我們對於來自蔬果類食物的蛋白質、碳水化合物及脂肪也能採行同樣的方式。

其他文化中的預消化食物

如同我們在前面看到的，曾有好幾位專家報導過食用經過自溶（預消化）的肉及魚的做法，他們認為這種情形在散居於北方各地、彼此無任何關聯的多種愛斯基摩部族間極為普遍。這些部族之所以願意忍受其令人作嘔的惡臭，是因為經驗告訴他們，部分分解的食物能賦予他們更多耐力。在世界各地也有許多族群的人民持相同的見解，他們也在部分分解的蛋白質食物中發現獨特價值，其中包括陳年乳酪及懸掛存放的陳年肉品。換句話說，自溶過的食物已被分解成腖（Peptones）及胸（Proteoses），因此只須動用一點點我們體內的酵素即可。這即是產生健康感及精力旺盛的關鍵。

一些饕客可能會為了品嚐蛋白酶的酵素魔法所創造的奇妙氣味與附加好處，願意容忍某些乳酪或陳年肉品的強烈惡臭。

　　保留內源酵素的本能從冰凍北極擴及到熱氣瀰漫的叢林。當俾格米人狼吞虎嚥一隻在赤道非洲高溫下死亡多日的大象「成熟」屍骸，他們曾被問及吃這種腐敗食物的原因，其中一個人回答，他們是在食用這些肉而不管氣味。

　　我並未大力擁護食用生肉，因為此舉可能會增加胰臟感染的機率。然而，有幾種由酵素預消化的傳統食物在其他文化中卻極為普遍。

　　在一九七〇年的《國家地理雜誌》上，威廉姆斯‧埃利斯（William S. Ellis）描寫過一種黎巴嫩的家常菜——**卡寶**（Kibbeh）。這道菜基本上包括生的小羊肉及壓碎的小麥。當地人會將這些食材放入一個大石缽中搗上一小時左右，接著加以揉捏及加入調味料，然後生吃，這種食物稱為**尼爾貝卡寶**（Kibbeh Niebeh）。小羊肉中的組織蛋白酶與脂肪酶，以及小麥中的蛋白酶、澱粉酶與脂肪酶，會因為研磨而從各自的束縛中釋放出來，然後共同合作，在研磨的一個小時中達到預消化及使酵素抑制劑失活的效果。因此，預消化的作用在食物被吃下去之前就已經展開，一直持續到食物被吃下肚、胃酸變得極為強烈為止。食用這種黎巴嫩菜的人即可保留自己體內的酵素。

　　厄尼‧布拉德福（Ernie Bradford）在一九七〇年的《國家地理雜誌》上，介紹過一道備受推崇的食物——**史葛皮克**（Skerpikjot）。這道風乾生羊肉一度是北大西洋中的法羅斯島（Faeros Island）上的主要食物。當地人會將肉放在一個用木板

圍成的棚子內至少一年的時間，讓肉中的酵素有足夠時間將蛋白質轉化成和我們食用蛋白質時胃和腸會產生的同一物質。這種程序能造就一道不須經烹煮的珍饈，不過味道卻極為刺鼻，而且嚐起來像是變質、下等的羊肉。布拉德福先生學會享受這道佳餚及欣賞法羅斯島人所宣稱的營養價值：「這道菜所蘊含的能量比任何當地食物都來得高。」這些人可能感受到這道菜為他們保留了某種極為寶貴的要素。

數千年來，有無數亞洲人持續地改良大豆及其他種子，以提供人類食用，他們讓這類食物接觸真菌植物（主要屬麴菌類）的酵素活動。這些真菌酵素會促進食物中的蛋白質、碳水化合物及脂肪在調理過程中先進行預消化，這可保留人體內的酵素潛能，因此有助於延年益壽。**豆腐羹**、**豆腐皮**及**豆皮**等中式食品都是讓食物原料在經過真菌酵素的作用後所製成的。**臭豆腐**則是一種利用這類酵素的作用以大豆凝固物製成的中式食品。**豆郁**（Toyu）是一種菲律賓的大豆食品，也是經過酵素作用製成的。一種被稱為**豆腐**的植物性乳酪則是透過真菌酵素的作用以大豆凝固物製成，**納豆**也是一種類似的產品。**味噌**是由大豆、米或大麥經過酵素作用改善後而製成的食品，在日本可用來煮粥。瓜哇則有一種被稱作**丹貝**（Tempeh）的大豆酵素食品，當地人已食用好幾世紀。

根據路易斯・科特洛（Lewis Cotlow）在著作《亞馬遜獵頭族》（*Amazon Head Hunters*）所述，亞馬遜河盆地的印第安

人已向我們證明人類這個有機體處理大量澱粉並省下大量內源酵素的最佳方式——熬煮絲蘭（Boiled Yucca）。這種食物來自一種含澱粉的塊莖，是亞馬遜盆地居民一項重要的食物與飲料來源。這種絲蘭飲料在希瓦羅部族（Jivaros）的印第安人中被稱為**尼基曼奇**（Nijimanche）。科特洛描述這種飲料有一種麥芽的味道，似乎極富營養，被普遍當成食物及飲料，是當地人生活的支柱。部分婦女的工作就是不斷地製作這種尼基曼奇。她們會咀嚼絲蘭，並將完全嚼爛的產品吐到大罐子中，使其由唾液中的澱粉酶加以分解。大部分的成人一天要喝四或五夸脫（一夸脫約等於0.95公升）這種飲料。

　　另一種分布在亞馬遜河一帶的部族雅瓜（Yagua）也有一種相當於尼基曼奇的飲料，當地人稱之為**馬薩多**（Masato）。唯一的差異在於他們會在這種絲蘭混合物中添加一些甘蔗汁。南美洲科羅拉多部族（Colorado）的印第安人則有一種也經咀嚼製成的尼基曼奇，稱為**馬拉卡奇沙**（Malakachisa），其中也含有甘蔗汁，使其增添了一股蘋果汁的風味。所使用的澱粉完全不經任何加工程序，由於當地位處炎熱的赤道，因此澱粉在未進入體內之前，就已被迅速分解成糖分，飲用者只須使用一點，體內酵素就能完成所有消化工作。

　　我們也能製造出美國式的尼基曼奇。在我們所處的科技化社會中，未加工的澱粉可由機器加以磨爛來取代咀嚼。我們還可選擇好幾種酵素來完成印第安婦女的唾液所達到的每種效

果。為了預防這種產品變成酒精，我們可將其冷藏，並且像牛奶般運送給消費者。以這種方式來利用未加工澱粉無疑會優於麵包、脆餅、馬鈴薯及麥片。許多消化重擔將會由工廠所添加的酵素來完成，而不會動用到我們身體的內源酵素。其實各位只要選擇各種酵素食物飲料來取代空洞的可樂飲料，就能為自己帶來驚人的健康效益！

酵素可分解自己的食物

現在讓我們將注意力轉移至食物中的酵素分解本身成分的能力。香蕉是一個絕佳範例。香蕉在未成熟以前約含有20%的澱粉，當它待在溫暖的環境中幾天，上面出現許多斑點，澱粉酶就會將它變成含有20%的糖分。這種糖分中，約有四分之一屬於右旋糖（葡萄糖），不須進一步的分解作用。香蕉中的澱粉酶會對香蕉澱粉發揮作用，但對其他澱粉未必有效，如馬鈴薯澱粉。熟成香蕉含有優良的生食熱量，這種熱量不會產生熟食熱量為人所詬病的不良效應。熟成的香蕉不會使人發胖。我們讓一個很胖的人盡情吃熟成香蕉，並限制他只能以香蕉作為食物來源，然後觀察其結果。當香蕉酵素完成其應有的工作，我們體內的酵素就沒什麼事可做了，這就是預消化的作用。如果各位能攝取更多生食熱量，減少熟食熱量，將能善加運用預消化。

　　香蕉酵素可在短時間內有效地將澱粉轉化成糖分。同樣地，大麥經過商業處理方式而長出麥芽後，其酵素會變得更強大，並能將其澱粉轉變成麥芽糖。各位可能不時會讀到一種說法——從食物或補充品所取得的外源酵素在胃中會永久失活或分解，參考第一章所提供的證據即可判斷這種說法的可靠性。

　　我將在第六章詳細討論如何食用酵素補充品，接下來就暫且讓我們先根據兩項極為重要的發現，來研究外源酵素及內源酵素的作用。

〔第四章〕

兩項重大發現

食物酵素胃與消化酵素的適應性分泌法則

在由胃與小腸分泌的強烈消化液對食物進行更澈底的消化作用之前，食物酵素胃就能先預消化食物，而「消化酵素適應性分泌法則」則主張身體會根據吃進的食物來產生消化酵素，以上兩種發現即是構成「食物酵素概念」的重要關鍵。假如胃功能運作正常，而我們也在不加烹調的情況下吃進食物，則絕大部分攝入的食物在與胃中強烈的消化液作用之前將先被部分分解。況且，如果吃未烹調的食物，我們體內被召集來執行消化功能的內源酵素也會比較少。也就是說，身體因為有了未烹調食物中所含的豐沛酵素而減少體內消化酵素的分泌量，因而能保留體內的酵素潛能，以進行維持代謝協調的重要工作。

食物酵素胃

由食物酵素所進行的預消化作用發生在地球上的每種生物身上，實行無酵素飲食的人類則是唯一的例外。許多生物都擁有一個獨立的食物酵素胃。靈長類動物與人類的胃都可分成兩個部位，分別有不同的功能，第一個部位就是食物酵素胃。正如我們已經了解的，大型肉食性動物及蛇的胃經常由於塞滿食物而鼓脹，以至包括胃蛋白酶在內的胃消化液的入口都受到阻塞，這種情形一直要到被吃下肚的獵物受到自有消化液及組織

中的組織蛋白酶作用而開始液化後，才會獲得改善。看起來，生物的演化過程似乎已經巧妙地安排好適應機制，以確保外源酵素一定會分解部分食物。此外，「消化酵素適應性分泌法則」也屬於大自然防杜酵素因過度分泌而浪費的計畫之一。掠食者承接了獵物的蛋白質、脂肪、維生素及礦物質，也接受到獵物的酵素，可說是一網打盡。

目前的研究也支持有關人類食物酵素胃的發現。我自己的研究報告與生理學教科書以及數百分的科學報告都已證明，胃液對蛋白質的消化作用發生在胃的下半部，而上半部則是供食物酵素或隨著食物被攝取的酵素進行消化的地方，我將這個部位稱為「食物酵素胃」。除了生的發酵食品與發芽食物外，最初的預消化——外源酵素對蛋白質、脂肪及澱粉進行的第一道消化，皆在此處發生（科學家將身體製造的酵素稱為「內源酵素」，稱食物中或是消化補充品中的酵素為「外源酵素」）。

胃的下半部會執行第二道預消化，但僅限於蛋白質。等到了小腸的上半部，胰臟的消化液會接續進行所有營養素的消化，但即便到這個階段，我們都不能認定已經在進行完整的消化作用，而只能算是進階的預消化。食物的最終消化將由小腸內側的細胞完成。食物酵素胃中的消化作用和在更遠方的消化道中所進行的消化一樣重要。

人類的胃和大鼠的胃一樣（參考圖4.1），解剖構造相當簡單，並可依個別功能分成不同部位。在這張顯示一隻大鼠吃下

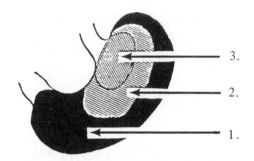

圖 4.1
冰凍大鼠胃之中的三個食物層

3.

2.

1.

由德國生理學家格呂茨納（Grutzner）繪製

的食物所經歷的三個連續階段的圖中，每個階段所代表的進料區被著上不同的顏色，以方便辨識。當食物在這三層（分別標上1、2及3）中停留，整個胃會被冷凍及切除，以便進行檢測。1號是第一個、也是最大的進料區；2和3號則是接續在後的較小進料區。每個進料區都像是托住下一個進料區的巢穴。這些數字也代表胃中的不同部位：1號代表幽門部，胃蛋白酶及胃酸在此進行分解蛋白質的作用；而2號及3號則分別代表胃底部及賁門部（唾液及食物酵素在此發揮作用）。賁門部即為食物酵素胃，是唾液及外源酵素分解碳水化合物、蛋白質及脂肪的地方。

在這個知識開明的時代，這個實驗可能看起來有些不可思議。關於胃的功能其實仍存有許多爭議，我相信以下的資料是

最精確的。被普遍奉為信條的說法中其實有一些仍須予以更正，其中包括：整個胃都會劇烈攪動，促使食物在被吞嚥後幾乎可以在瞬間即與胃酸及胃蛋白酶充分混合在一起；胃的主要工作就是分解蛋白質，並且只會分解極少量的澱粉；胃中所有消化作用都靠胃蛋白酶，這種酵素必須在強酸下才能進行，而且並沒有在弱酸環境下進行的胃部消化作用；唾液酵素、食物酵素及酵素補充品會因為胃中的鹽酸而快速且永久地失去活性，並被胃蛋白酶分解。

現有證據明確顯示，胃在生理學上可被分成上半部及下半部。上半部不會蠕動，也不含酸液或胃蛋白酶，因此食物不會攪動或與酸液混合。而在上半部的末端，則會出現一些胃蛋白酶，但這些胃蛋白酶在與下半部的酸液結合之前無法發揮任何功效。食物在下半部並不會受到攪動，只會被擠壓及往前推，這種機制會使唾液素、食物酵素及酵素補充品有充分的時間，得以在澱粉、蛋白質及脂肪進入下半部前對其進行預消化。食物進入下半部後即由酸液及胃蛋白酶進行分解。

解剖學家雇寧漢（Cunningham）及生理學家賀威爾（Howell）堅決主張，人類的胃實際上是兩個有獨立、明確功能的部分，每種功能都只局限於其所屬的上半部或下半部。下半部在沒有任何內容物時會被壓縮而變得扁平，而上半部則是開放的，也許有極少數可產生酵素及酸液的腺體，但不會產生蠕動，而是一直保持靜止狀態。

表 4.1
有關胃的事實

資料來源	證據
格雷解剖學（*Gray's Anatomy*）	「胃是由兩個生理上有區別的部位所構成，這個說法顯然已得到證明。胃的賁門部是一個食物貯存區，唾液在此持續其分解作用；幽門部則是活躍的胃消化活動中心。坎農堅稱賁門部位並不會出現蠕動波。」
顧寧漢解剖學（*Cunningham's Anatomy*）	「空胃是一個收縮的管狀器官，不過胃底部除外，該處似乎總是膨脹的。食物在被攝取後會進到胃壁相接處。當胃裡裝滿食物，整個器官即會鼓脹起來，胃底部及賁門部尤其明顯，這兩區會充當儲藏室。」
賀威爾生理學（*Howell's Physiology*）	「較早期的看法認為，胃的內容物會經過一段持續進行的一般性轉動，使其能混合得較均勻些；但坎農及克魯茲納（Grutzner）的觀察結果卻指出，停留在胃底端的食物可能有非常長的一段時間都維持原狀，因此也不會與酸性胃液混合，至少食物團的內部是如此。就唾液對澱粉食物的分解作用而言，這項事實極為重要。因此我們有各種理由相信，胃中的唾液分解作用可能會進行至某種重要的程度。」 「中樞細胞供應胃的消化酵素——胃蛋白酶及凝乳酶，而壁細胞則供應鹽酸。壁細胞集中在胃幽門前區中間的腺體上，胃底部則極少。胃底部的食物團會先浸滿胃蛋白酶，當這些食物緩慢地前進到幽門前區，會再加入酸性成分。」
德國科隆大學馬丁（R. Merten）等人	除了胃蛋白酶，胃液也含有一種組織蛋白的蛋白酶。人體實驗結果顯示，組織蛋白酶會在胃裡進行顯著的消化作用，其規模至少相當於胃蛋白酶的作用。
西北大學生理學系比塞爾（J. M. Beazell）	「我們一般都被教導（起碼是暗示），胃對分解澱粉沒多大用處或是根本不重要，以及胃在分解蛋白質上則扮演了一個相對重要的角色。」比塞爾對十一位正常的年輕成年男性受測者以供應餐點的方式進行消化試驗。他在一個小時內將這些餐點從胃中取出，並進行檢測。還留在胃裡面的食物中，有20%屬於澱粉類，而只有不到3%的蛋白質已被分解。比塞爾指出：「依據這項觀察結果，我覺得認為胃對分解澱粉不重要，而對分解蛋白質則極為重要的傳統觀念，還有待商榷。」

表 4.1（續）
有關胃的事實

資料來源	證據
牛津大學臨床生化學系泰勒（W. H. Taylor）	泰勒醫師針對二十五位身體情況正常的人進行胃液分析。結果發現在酸鹼值2及4兩個區域活性最大，分別與胃蛋白酶及組織蛋白酶的酸鹼值相符。泰勒醫師表示：「在酸鹼值3.3及4之間時最強的蛋白水解作用，可能和在酸鹼值1.6及2.4之間時的不相上下。」
日內瓦大學米漢（G. Milhand）等人	正常胃液中，胃蛋白酶和組織蛋白酶的活性大致相同。
德國科學家弗羅伊登貝格（E. Freudenberg）	人類的胃會分泌胃蛋白酶和組織蛋白酶的說法已得到證實。還有其他我個人認為沒必要介紹的組織蛋白酶相關文獻。
麥斯特里尼（D. Maestrini）	澱粉會保護唾液中的澱粉酶，使其不會因為胃裡的鹽酸而失去活性。
帕斯洛（S. Pasrore）	澱粉可作為鹽酸及唾液酵素之間的緩衝劑。

　　我們可藉由圖4.1追蹤食物的路徑。人吃下食物後，首先會進入標示為3號的區域，最後才會停留在1號區。在3號區時，食物不會被攪動或受到蛋白水解作用的干擾。連續進食之後，這個區域會漲滿，進而打開及擴張扁平、收縮的幽門區（1號區）。在這段拉長的干擾期間，賁門部及胃底部（食物酵素胃）中的食物會一直由唾液素及來自外源的澱粉酶、蛋白酶及脂肪酶等對碳水化合物、蛋白質及脂肪進行分解，時間最長可達一小時。由於胃液消化需要極低的酸鹼值，因此需要許多時間來分泌鹽酸，進而降低酸鹼值。

一旦達到胃液消化所需的最佳酸鹼值，胃蛋白酶如果無法抵抗地心引力的作用並反向流動（即所謂的逆流），仍無法順利進入食物酵素胃，則我們將必須倒立一段時間，才能讓胃蛋白酶進入食物酵素胃執行工作了。但大自然提供了食物酵素胃中的酵素有足夠的時間充分分解及液化食物團，使其可往下流，而胃蛋白酶也在該處等著分解食物的蛋白質。

　　以上資料清楚證明了，人類的胃真是由兩個具有獨立功能的胃構成，而人類和其他數千種物種一樣，也已擁有讓外源酵素協助消化食物重擔的工具。這項資料更進一步證明，食物中的組織蛋白酶，以及其他習慣在與胃中的組織蛋白酶相同酸鹼值範圍內作用的外源酵素，其實隨時準備好接手消化工作，以讓酵素潛能製造較少的消化酵素，多製造身體所需的代謝酵素。

　　在其他章節中，我已說明過澱粉在胃中會正常而有效地被分解，而唾液、食物或補充品中的酵素則可在腸道中重新獲得活性以及恢復作用。我們必須承認，為了策劃出這種美好的協調性及達到如此完美的共生關係，可不是演化過程中的一點小計謀就能辦到的。不幸的是，人類卻很少努力從這類蘊含在生食及補充品中的外源酵素獲益。

圖 4.2
食物酵素胃示意圖

動物和人類都一樣，食物酵素胃都是食物消化道之旅的第一站。除了圖中列舉的動物外，還有許多齧齒類動物、猿猴及蝙蝠等物種有頰囊（Cheek Pouch）及髖囊（Hip Pouch），用以保持食物濕度及溫度，以便其中的食物酵素可進行預消化。

圖中的方塊即代表食物酵素胃

人類

人類的賁門部即是食物酵素胃。

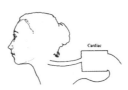

雞

對雞和鴿子這類吃種子飼料的鳥類而言，嗉囊即為食物酵素胃。

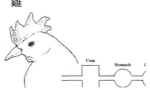

牛

在牛、羊這類反芻動物體內，有三種食物酵素胃：
第一個——瘤胃（Rumen）
第二個——蜂窩胃（Reticulum）
第三個——重瓣胃（Omasum）

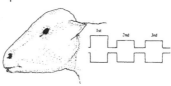

鯨魚

海豚及鯨魚等鯨類體內的第一個胃就是食物酵素胃。

《格雷解剖學》中曾以專家沃爾特・布拉德福・坎農（Walter B. Canon）的研究來說明，坎農證明了人類的胃是「由在生理上有明顯區別的兩個部位構成」。該書指出：「胃的賁門部是一種食物貯存區，唾液的分解作用會在此繼續進行；幽門部則是活躍的胃消化活動中心。賁門部不會出現蠕動波。」外源酵素所進行的預消化在大自然中普遍存在。酵素潛能其實不光只是製造內源酵素來分解食物，還有其他更有用、更費力的工作待其完成。

比較解剖學及生理學

在我們繼續談論「消化酵素適應性分泌法則」之前，我希望再說明一項有趣的證據，藉以證明各種動物及人類之間胃腸構造的差異。人類的飲食習慣從大部分生食轉變成熟食可能已經導致胃部以下的胃腸道結構改變，尤其是闌尾與盲腸（大腸開端）。這兩個部位在許多草食性動物的消化作用中扮演著積極的角色，但在人體內卻已萎縮。人類食用的大部分蔬菜都已經過烹煮，因此不含任何酵素。人類的闌尾與盲腸有沒有可能就是因為鮮少使用而萎縮的食物酵素胃？

多年來我持續收集許多科學期刊上有關人類及動物體重與胃腸道長度的數據。雖然這些數據並不齊全，但我還是在表4.2及4.3中分別將它們按遞增及遞減的順序列出。這種處理方式是經過設計的，目的在以次序對功能的重要性進行更好的評估。

刊出這些圖表的目的之一是誘使解剖學家參與人類及動物

表 4.2

小腸及大腸占腸子總長的比例

物種	專家	年分
海豹	歐文（Owen）	1866
小鬚鯨	杭特（Hunter）	1840
河馬	克里斯普（Crisp）	1867
恆河豚	高橋（Takahashi）	1972

器官重量的研究，並將他們的發現貢獻給科學期刊。我知道有
關人類在活存時的腸子長度會比死後為短的說法已獲證明。死
後肌肉組織的鬆弛確實會導致腸子變長，但這點和表中數據的
相對價值不應有任何衝突，因為這種影響是一致性的。

　　了解不同種類動物的習慣、生活方式、飲食及胃腸構造，
有助於專家為人類設計出最佳的飲食，進而促進健康與長壽。
我將多年來從各個獨立的報告中所收集到的資料匯整成表4.2，
以鼓勵解剖學家及生理學家進行更多研究，進而幫助我們了解
這些數據所具有的意義。表4.2中的許多個案都只提出一分樣
本，而且我們必須搜尋一百年以前的文獻才能找到這類報告。

　　在表4.3中可以再次確認到，食物酵素胃確實是消化系統不
可或缺的一部分。在這張表中，我們依盲腸長度所占的比例，
以遞減順序來排列，以顯示該器官在胃腸比較生理學上可能扮
演的角色。表4.3顯示了馬和兔子在遞減排列的「盲腸等級」中
位於較高的位置，而羊和牛則位於較低的位置。馬和兔子的胃

體重（公克）	身長（公釐）	樣本數目	性別	小腸（％）	大腸（％）
—	914	1	—	95	5
—	—	1	—	91	9
339,750	1,727	1	—	91	9
—	1,185	3	—	90	10

表 4.2（續）
小腸及大腸占腸子總長的比例

物種	專家	年份
海豚	安德森（Anderson）	1868
挪威野生大鼠	E・豪厄爾（E. Howell）	1968
挪威實驗用大鼠	李斯特（Richter）等人	1947
大食蟻獸	歐文（Owen）	1862
河馬	察普曼（Chapman）	1881
獅子	杭特	1861
長鬚鯨	穆里爾（Murie）	1865
動物園的獵犬	克里斯普	1855
飼養的鵝	羅伯森（Robertson）等人	1965
猴子，以昆蟲及水果為食	福丹（Fooden）	1964
家貓	拉蒂默（Latimer）	1937
家貓	拉蒂默	1937
豢養的狗	E・豪厄爾	1925
動物園的狼	克里斯普	1855
豢養的雞	卡普（Kaupp）	1918
實驗用白老鼠	羅意威（Loewe）	1937
緬甸人	卡斯托（Castor）	1912
印度人	卡斯托	1912
美國黑人	拉姆（Lamb）	1893
印第安人	迪金（Deakin）	1883
豢養的天鵝	麥克米金（McMeekin）	1940
獵犬	杭特	1861
動物園的駱駝	克里斯普	1865
亞利森食草大鼠	李斯特等人	1947
德國人	布萊恩（Bryant）	1924
紐澤西乳牛	斯維特（Swett）等人	1937
（荷蘭）好斯坦種乳牛	斯維特等人	1937

體重 （公克）	身長 （公釐）	樣本 數目	性別	小腸 （％）	大腸 （％）
—	2,381	1	—	89	11
269	223	3	公與母	89	11
200-249	—	58	公與母	88	12
28,123	1,397	1	母	88	12
249,480	1,676	1	母	86	14
—	—	1	—	86	14
408,420,000	18,288	1	公	86	14
—	—	1	—	85	15
4,900	—	5	公	85	15
675	267	10以上	公與母	85	15
2,821	—	52	公	84	16
2,445	—	52	母	84	16
16,330	737	1	母	83	17
—	851	1		83	17
—	—	—	—	83	17
24	—	144	公	83	17
54,432	—	100	男性	83	17
50,803	—	63	男性	82	18
		48	男性與女性	82	18
—	—	100	男性與女性	82	18
100,000	—	1	公	82	18
	940	1	—	82	18
—	—	—	母	81	19
200-249	—	50	公與母	81	19
—	—	160	男性與女性	80	20
412,767	—	214以上	母	80	20
573,791	—	181以上	母	79	21

表 4.2（續）
小腸及大腸占腸子總長的比例

物種	專家	年份
德國人	德雷克（Dreike）	1895
豢養的天鵝	西森（Sisson）	—
英國人	安德希爾（Underhill）	1955
豢養的公牛	西森	—
豢養的羊	華萊士（Wallace）	1948
猴子（以水果為食）	福丹	1964
叩頭龜	歐文	1866
猴子（以樹葉及水果為食）	福丹	1964
爬蟲類（食蟲類）	隆伯格（Lonnberg）	1902
豢養的馬	西森	1910
猴子（以水果為食）	福丹	1964
黑猩猩	桑塔格（Sonntag）	1923
犀牛	歐文	1862
犀牛	歐文	1862
爬蟲類（食草類）	隆伯格	1902
犀牛	加羅德（Garrod）	1873
豢養的兔子	E・豪厄爾	1934
大象	克里斯普	1855
實驗用天竺鼠	意騰（Eaten）	1938
實驗用天竺鼠	意騰	1938
鬼狒	松塔（Sonntag）	1922
有袋類，袋貂	陶德（Todd）	1847
實驗用沙鼠	克拉瑪（Kramer）	1964
實驗用沙鼠	克拉瑪	1964
地鼠	歐文	1866
有袋類，無尾熊	陶德	1847

體重（公克）	身長（公釐）	樣本數目	性別	小腸（%）	大腸（%）
—	—	171	男性與女性	79	21
—	—	—	—	79	21
—	—	100	男性與女性	78	22
—	—	—	—	78	22
—	—	—	—	77	23
2,950	407	1以上	—	77	23
1,052	—	1	—	76	24
6,980	537	1以上	公與母	75	25
—	93	25	—	75	25
—	—	—	—	74	26
1,740	346	1以上	公與母	72	28
—	597	1	母	70	30
—	2,743	1	母	69	31
—	4,267	1	公	68	32
—	267	6	—	68	32
—	2,451	1	母	66	34
2,378	457	1	公	65	35
2,366,925	—	1	母	65	35
992	—	89	公	60	40
943	—	26	母	62	38
—	748	1	—	57	43
—	41	2	—	48	52
101	138	42以上	公	36	64
87	132	49以上	母	36	64
2,949	—	1	—	34	66
—	49	1	—	31	69

表 4.3
盲腸占腸子總長的比例

物種	專家	年份
實驗用沙鼠	克拉瑪	1964
實驗用沙鼠	克拉瑪	1964
有袋類，無尾熊	陶德	1847
有袋類，袋貂	陶德	1847
兔子	杜克斯〔Dukes（Colin）〕	1947
實驗用兔子	E・豪厄爾	1934
豢養的鵝	羅伯森等人	1965
犀牛	加羅德（Garrod）	1873
猴子（以水果為食）	福丹	1964
大象	克里斯普	1855
猴子（以水果為食）	福丹	1964
馬	西森	1910
猴子（以樹葉及水果為食）	福丹	1964
蜘蛛猴	弗勞爾（Flower）	1872
狗	克里斯普	1855
猴子（以昆蟲及水果為食）	福丹	1964
猴子（以樹葉為食）	艾爾（Ayer）	1948
鬼狒	松塔	1922
牛	杜克斯	1947
狗	西森	1910
狒狒	弗勞爾	1872
羊	帕爾森（Palsson）等人	1952
黑猩猩	松塔	1923
羊	帕爾森等人	1952
羊	華萊士	1948
牛	西森	1910
海豚	安德森	1875

體重（公克）	身長（公釐）	樣本數目	性別	小腸（%）	大腸（%）	盲腸（%）
101	138	42以上	公	0.362	0.163	0.475
87	132	49以上	母	0.364	0.161	0.475
—	49	1	—	0.313	0.425	0.262
—	41	2	—	0.477	0.364	0.159
—	—	—	—	0.610	0.280	0.110
2,378	457	1	公	0.641	0.244	0.097
4,900	—	5	公	0.850	0.068	0.082
—	2,451	1	母	0.655	0.291	0.054
2,950	407	1以上	母	0.766	0.182	0.052
2,366,925	—	1	母	0.649	0.307	0.044
1,740	346	1以上	公與母	0.720	0.229	0.051
—	—	—	—	0.726	0.238	0.036
6,980	537	1以上	公與母	0.748	0.220	0.032
—	—	1	—	0.822	0.148	0.030
—	—	1	—	0.824	0.148	0.028
675	267	10以上	公與母	0.854	0.118	0.028
—	—	1	—	0.775	0.200	0.025
—	749	1	—	0.565	0.414	0.021
—	—	—	—	0.810	0.170	0.020
—	—	—	—	0.836	0.145	0.019
—	—	1	—	0.687	0.294	0.019
65,685	—	2	母	0.772	0.212	0.016
—	597	1	母	0.703	0.282	0.015
97,622	—	2	公	0.779	0.207	0.014
—	—	—	—	0.773	0.215	0.012
—	—	—	—	0.778	0.210	0.012
—	2,381	1	—	0.890	0.098	0.012

表 4.3（續）
盲腸占腸子總長的比例

物種	專家	年份
天鵝	西森	1910
天鵝	麥克米金（McMeekan）	1940
海豚	高橋等人	1972
獅子	杭特	1861
鯨魚	杭特	1840
人類	康寧漢	1914

都很小，而且只有一個，但羊和牛卻都有四個胃，其中三個依靠外源酵素來分解食物。

馬和兔子體內巨大的盲腸可分解其小型胃無法處理的大量植物性食物。這種位於小腸末端的食物酵素胃所進行的分解作用，必須由生食供應的酵素來完成，因為盲腸並沒有自己的消化酵素。腸內細菌也被期望能對盲腸提供一些酵素活動。我們在這之中可看到某種生物法則的運作：僅有一個胃的草食類動物擁有巨大的盲腸，而擁有四個胃的草食類動物盲腸卻很小。

沙鼠和無尾熊也是擁有大型盲腸的動物。沙鼠是原產於亞洲及澳洲的齧齒類動物，廣泛用於實驗室研究。無尾熊是著名的澳洲「熊」，由於其精美的毛皮，幾乎瀕臨絕種。如表4.3中所顯示的，這些動物的盲腸幾乎大到快要和其他腸子差不多長了。在這裡，我傾向於將馬、兔子、沙鼠及無尾熊的盲腸視為

體重 （公克）	身長 （公釐）	樣本 數目	性別	小腸 （％）	大腸 （％）	盲腸 （％）
—	—	—	—	0.786	0.203	0.011
100,000	—	1	—	0.816	0.174	0.010
—	—	3	—	0.899	0.093	0.008
—	—	1	—	0.857	0.135	0.008
—	—	1	—	0.906	0.088	0.006
—	—	—	—	0.800	0.192	0.008

食物酵素胃，如果未來出現其他不同的證據，再視情況修正。雖然教科書都表示目前未能確定盲腸及闌尾的功能，但從表4.3的數據可以看出，盲腸確實是一種消化器官。人類吃下的大部分蔬菜都已經過烹煮，因此不含任何可幫助分解的酵素，也許這就是人類盲腸已經萎縮，而且「盲腸等級」如此低的原因。

預消化及消化酵素適應性分泌法則

在本書中我多次提及「消化酵素適應性分泌法則」，請各位務必了解這項法則的真正涵義，才能更深入了解酵素家族及其真實面貌，而不是只獲得一些零星且錯誤的知識。在十九世紀初，一般人普遍不了解酵素的本質，在這段資訊匱乏的時期，鮑里斯·巴布金（B. P. Babkin）教授公布了一些有關酵素

的初步資料，這項資料於一九〇四年被刊登在蘇俄聖彼得堡的《皇家醫學學會會刊》（*Transactions of the Imperial Medical Academy*）上，並成為我們所熟知的「酵素平行分泌理論」（Theory of the Parallel Secretion of Enzymes）。這項理論主張，身體會以相同濃度分泌三大消化酵素（澱粉酶、蛋白酶及脂肪酶），即使我們體內只需其中一種來消化食物。

　　什麼樣的生理法則及指令會在我們只吃下澱粉食物時卻使身體以相同濃度分泌所有酵素？以常理來推斷，烤過的馬鈴薯應該只會刺激澱粉酶的分泌，因為它才是分解澱粉所需的酵素。以此類推，如果我們吃了肉食，則身體應該會大量分泌蛋白酶，外加少許的澱粉酶及脂肪酶。但巴布金的理論卻主張，這三種酵素中即便只有一種是消化食物所需，身體仍將以相同濃度分泌三種酵素。之所以會有這種誤解，是因為對大自然與酵素對生命、健康及疾病控制的真正價值完全無知所導致的。然而，巴布金教授還進一步發表了一分報告，並於一九三五年刊登在《美國醫學學會期刊》上。他在文中再次重申：「對於胰液的三種主要酵素，只須確定其中一種（脂肪酶）的濃度即可，因為狗、人類及兔子體內的胰臟腺體都會以相同濃度來分泌這些酵素。」我實在無法理解為什麼這項理論會獲得如此廣大的支持，並對科學造成這麼長久的影響力。

　　我們可以將這種對錯誤學說奉行不渝多年的情況視為一場悲劇，是科學界無可寬恕的失察。我個人認為，由於「平行分

泌理論」鼓吹酵素是用之不盡的、是身體可隨意揮霍的，而且毫無價值可言，因此，造成人們延宕了五十年的時間才接受酵素營養觀念。我們也難以想像是否還有其他更違背事實的矛盾說辭。

現在就讓我們更進一步來了解，關於身體如何回應對消化酵素的需求，科學期刊有些什麼樣的說法。我將多年來收集的資料整理成表4.4，仔細研究這些內容各位就會發現，早在一九○七年，「消化酵素適應性分泌法則」就已獲得證實。部分結果可能需要一些說明，例如，由於鯨魚不吃澱粉，因此不需要澱粉酶，我們即可預期鯨魚的胰臟內並沒有澱粉酶；而母雞吃澱粉食物，因此平田在雞的胰臟內發現的澱粉酶才會比在貓體內發現的多上八百倍，因為貓的天性是不吃澱粉的。

在一九三○年（巴布金第二分報告發表之前）即有研究證實，肉食性動物的糞便中含有許多胰蛋白酶及極少量的澱粉酶，而食用碳水化合物的動物糞便中則有大量的澱粉酶及極少量的胰蛋白酶，「適應性分泌」的理論因此獲得進一步的確認。由於巴布金教授名聲顯赫，因此，我覺得有必要更詳細地說明酵素分泌的相關證據。

巴布金教授於一九三五年發表在《美國醫學學會期刊》上的報告，並未提出任何足以支持他平行分泌理論的證據。在我看來，他似乎是想極力貶低酵素的價值，卻沒做好相關研究。我可以舉出至少二十位以研究成果支持適應性分泌法則的專家

表 4.4

支持「消化酵素適應性分泌法則」的證據

年份	專家	結論
1907	西蒙（L. G. Simon）	攝取碳水化合物（澱粉）時，人類唾液中的澱粉酶會比攝取混合食物時活性更強；而攝取蛋白質時，唾液的澱粉酶則會比攝取碳水化合物時弱。
1909	尼爾森（Neilson）及路易斯（Lewis）	在人體實驗中，碳水化合物飲食會增加唾液的澱粉酶含量，蛋白質飲食則會使其減少。
1910	平田	母雞胰臟中的澱粉酶濃度比貓多出八百倍。
1925	高田（M. Takata）	鯨魚的胰臟缺乏澱粉酶。
1927	戈德斯坦（B. Goldstein）	人類胰液中的脂肪酶、胰蛋白酶及澱粉酶等酵素的含量取決於食物的種類。
1930	蓋奧爾吉埃卡斯基（Georgievskii）及安德烈耶夫（Andreev）	在以裝有瘺管的狗所進行的研究發現，其腸液中澱粉酶的含量和澱粉量成正比。
1930	克齊瓦內克（Krzywanek）及沙基爾（Bedi-iu Schakir）	肉食性動物和雜食性動物的糞便都含有大量的胰蛋白酶（專門分解蛋白質）及極少量的澱粉酶。反之，草食性動物的糞便則含有極少量的胰蛋白酶，以及大量的澱粉酶。
1932	安德烈耶夫及蓋奧爾吉埃卡斯基	狗腸液內的澱粉酶含量取決於飲食中的碳水化合物含量，以肉食為主時最少，且會隨著碳水化合物的增加而增加。
1935	貝科夫（Bykov）及達維多夫（Davydov）	在裝有胰瘺管的病患身上可發現，油脂類飲食會增加其胰液中脂肪酶的含量，而碳水化合物飲食會增加澱粉酶含量，肉類食物則會增加胰蛋白酶。
1935	瓦休托奇金（Vasyutochkin）及多賓澤瓦（Drobintzeva）	由瘺管取得的人類胰液中，脂肪酶會隨著油脂類飲食而增加，澱粉酶會受碳水化合物食物影響，而肉類食物則會影響胰蛋白酶的量。
1935	艾布朗森（L. Abranson）	一項針對二十八位受測者進行的研究發現，胰臟分泌物的酵素含量會依飲食情況自行調整。

表 4.4（續）
支持「消化酵素適應性分泌法則」的證據

年份	專家	結論
1937	穆透（T. Muto）	一隻裝有永久性胰瘻管的狗如果吃了富含蛋白質的飲食，其胰液會含有較多的胰蛋白酶，而在吃了富含碳水化合物的飲食後，則會含較多的澱粉酶。
1943	格羅斯曼（Gross-man）、格林加德（Greengard）及伊維（Ivy）	在利用一百六十二隻白老鼠進行的實驗中，我們發現高碳水化合物飲食會造成澱粉酶顯著增加，而胰蛋白酶則會減少。而高蛋白飲食則會導致胰蛋白酶大幅增加（這些結果是由測量老鼠胰臟組織中的酵素含量所取得。組織中的酵素含量和在胰液中發現的量極為相似。）
1947	莫納德（J. Monad）	酵素適應性變化的現象有助於保留能量，而某種酵素濃度的減少，可增加其他在該環境下更需要的酵素量。
1954	庫依姆（D. K. Kuimov）	羊的胰液中，分解脂肪、蛋白質及澱粉的酵素濃度都會受飲食影響。
1964	阿卜杜勒利勒（Ab-deljlil）及黛斯紐勒（Desnuelle）	如果以澱粉含量高的食物餵食大鼠，其胰臟組織及胰液中的澱粉酶會比餵食正常混合性食物的對照組高出二至三倍。
1967	洛伊（Roy）、坎貝爾（Campbell）及戈柏（Goldberg）	在十七位做過迴腸造口術的病患身上發現，當蛋白質攝取量從每天四十公克提高至九十公克，胰蛋白酶的分泌量會增加69.5%，而胰凝乳蛋白酶的分泌量則會增加26%。

學者。假如你攝取酵素強化劑來幫你進行預消化，「消化酵素適應性分泌法則」及你體內的食物酵素胃就會變成你的最佳戰友，它們將讓你能夠挪用較少的內源酵素來進行消化作用，而多將其運用在代謝上。這將有助於維持你全身的運作，以保持

精力充沛、預防疾病，並且協助修復會造成病痛的機能不全。好的酵素營養需要額外補充的酵素強化劑。請勿讓大自然失望，多多攝取祖先們已利用數百萬年之久的酵素強化劑。好的酵素營養是絕對必要的，假如你是一位「致命加工過程」的實踐者，那些對你尤其重要，而這將是我們下一章的主題。

〔第五章〕

致命的加工過程

酵素不足的飲食、精製食物與器官發生異常

近百年來，美國的食物供給發生了巨大變化。食物不是經過精製，就是加工處理，還出現微波爐、瓦斯及電磁爐等「改良式」烹調法，這些都是造成現代飲食酵素不足的原因，因為這些器具及處理程序都有效地摧毀了食物酵素。不幸的是，卻少有人注意到，食物缺乏酵素的現象和器官發生異常之間的關聯。我將在本章說明烹調的發展過程，並向各位證明，現今荼毒人類的各種疾病及健康問題為何應歸咎於食物的烹調及精製處理。

 酵素不足的飲食

科學家相信，動物的出現可追溯至數億年以前，但即便是演化等級中最原始的生物也會攝取酵素，並將其當成日常飲食的一部分。這種情形有可能是別無選擇，因為酵素是一種生存必需的要素。不管是動物或植物，任何活的有機體如果構造中缺乏數百種酵素，就不可能存活。在長久的演化發展過程中，動物界一直都有無數的物種將酵素當成飲食中不可或缺的一部分。從過去好幾億年的生物發展史來看，現代人驟然將其飲食中數百種食物酵素移除殆盡的做法，難道不是一種極不正常、近乎魯莽而危險的行為？我們必須學習將食物酵素視為飲食的

一部分。如果對食物酵素為其宿主帶來的所有功能存有疑慮而欲加以證實，可能並不容易。我們也無從想像或證實，當活的有機體中存有某種合適的基質，食物酵素不會扮演內源酵素的角色而發揮作用。

一九二五年有位名叫內爾斯奎爾維（Nels Quelvi）的藥劑師似乎對酵素產生了極高的興趣與好奇心，因為他出版了一本著作《酵素智慧——酵素及酵母是基本、不滅及隱形的生命單位，而且是有知覺、有智慧的》（*Enzyme Intelligence, Illustrating That Enzymes and Ferments are the Ultimate, Indestructible and Invisible Units of Life and are Conscious and Intelligent*）。他的一些觀念顯得極有道理，在科學上卻未得到證實。我當時寫信給奎爾維，也買了好幾本他這本觀念創新的大作。目前科學家已了解，酵素非但不可能不滅，還是極為脆弱的物質——它們無法忍受過度的光線及壓力，尤其是高溫。假如對於食物酵素在人類生理機能上的重要性存有任何疑慮，最好要意識到一項事實，亦即所有烹調方式所使用的高溫，即便是最溫和的那種，都會破壞所有食物酵素。這將使絕大部分人類所享用的食物都變成我所稱的「負分飲食」，也就是不含酵素的食物。

如果任何一種元素被認為是食物中的正常成分，許多人就會確信應該將其視為飲食的必要成分並多加攝取及珍惜。這些人相信，飲食中如果缺乏任何食物要素，就可能會引發不健全或是會致病的身體反應，而當科學研究陳腐的運作機制終於完

成相關確認，這項預期即會獲得證實。其他人（主要是科學家）會先依照確定各種食物要素在有機體體內的功能的方式，來尋求相關證據，然後才會接受酵素為一種食物要素，卻不會求助於任何有能力證明的人來加以證實。在取得證據之前，他們也不關心有機體是否獲得食物所提供的所有天然要素。本書的宗旨即在填補這塊令人苦惱的空白，而本書的主要內容也已完全闡明這塊空白的內容。

食物酵素一直存在於所有食物中，許多人相信，有了它，我們對營養的需求才能得到滿足。六十多年來，我遇過數千名擁有這種信念的人，他們堅持，沒有人敢篤定地說，從食物中拿掉任何物質是「安全的」，抑或是在食物中添加任何外來物質是「安全的」。如果想釐清這些議題，必須針對壽命較短的生物進行長期的壽命研究。相信這類觀念的人要求有人提出證明，像食物酵素這類活性極高的物質在被當成一般食物吃下後，如何受到阻擋以致無法對其本身的食物基質發揮作用。因此，正反兩方有義務提出一樣多的證據。人類是否可以從食用生食及其酵素的生活，轉變成以烹調過、不含酵素的現代化飲食維生，而不會引發折磨現代人的眾多疾病，這點還有待查證。癌症及心臟病等疾病可說是人類特有的標記，致病原因可能是因為代謝受到干擾，而這種情形有一部分是由食物酵素不足這個潛在禍端所誘發的，擁有科學知識的人絕不該對這些可能性視而不見。

烹調法的發明

　　各位讀者請思考一下，人類的嬰兒和動物寶寶一樣，可以從母親的乳房取得蘊含完整酵素的生食。假如嬰兒需要熟食才能生存，應該早就要提供給他們了。但事實上，新生兒完全不需要熟食。爐灶是人類的發明，而非一個新生兒與生俱來的永久性構造！

　　早期人類之所以會在赤道叢林中學會用火，也許是因為必須處理閃電造成的森林大火，也或許他們在接近活火山流出的熱熔漿時領悟到一些初淺知識。不久後，原本人類對火的畏懼轉變成敬畏，而在嚐過被偶發的自然火災燃燒及烘烤過的動物屍體後，更轉變成愉悅地期待。早期人類歷經數百萬年才對火有進一步的認識，並熟悉石頭、骨頭及木頭器具的用法。這種知識使他們得以將更大型的動物也納為食物來源。儘管人們的牙齒或指甲無法扯掉獸皮以吃到肉，但隨處可見的尖銳石頭卻可發揮極大的功效。漸漸地，肉類中蘊含的豐富蛋白質、獸皮製成的衣物及住所等構成的新世界開始向人們招手。此時人類可能已經移居至人口稀疏的北方地區，在當地若有需要也會穿衣及生火取暖。除非經證明確實無害，否則我們對每一項發明都必須懷疑其是否含有潛在的健康危險。人類將火用於烹調就是錯誤的一步，因此我稱它為「致命的過程」。接著我就來說明箇中原因。

在廚房裡對食物進行的任何加熱處理都會摧毀酵素。緩慢或快速的烘焙方式、慢火或快火烹煮、燉及油炸等方式全都會完全摧毀食物酵素。100℃時水便會沸騰，而油炸的溫度更高，因此除了破壞酵素，也會破壞蛋白質，或形成未知、可能致病的全新化學複合物，對代謝酵素也會增加更多負擔。雖然烘焙的溫度也高達150℃至200℃，但這是一種乾式高溫，因此破壞性並不像烹煮那麼高。但無論如何，以上**所有**情況下的溫度都足以完全摧毀酵素。

我還在行醫時，發展出一套特殊的電熱浸泡裝置，用來對身體的特定部位進行高溫治療，希望能激發局部的酵素活性。局部溫度每增加5.5℃，酵素活性就會增加二至三倍。我修改了這項裝置的一部分，以便進行確定原生質（活物質）熱致死溫度（Thermal Death Point）的實驗。結果發現，在48℃的水溫中浸泡不到半小時即可摧毀酵素。48℃的溫度也會造成皮膚起水泡。如果將種子浸泡在這種水溫中半小時，便可抑制其發芽。將48℃與任何烹調溫度相比，各位就能理解，食物酵素不管接觸到的是哪一種烹調處理的高溫，都難逃被摧毀的命運。

哥倫比亞大學的科門（Kohman）、埃迪（Eddy）、懷特（White）及山朋（Sanborn）等四位學者於一九三七年在《營養期刊》（*Journal of Nutrition*）上發表了一分標題為〈罐頭食品、家庭熟食及生食飲食之間的比較實驗〉的報告。實驗結果發現，吃罐頭食品者體重最重。罐頭食品必須經過高溫處理，

才能長時間保存，因此對「內分泌鏈」會造成極大的刺激，也會促進體重大幅增加（「內分泌鏈」是一種調節身體功能的分泌腺系統）。我相信這是最適合解釋這種實驗結果的方式，雖然一般人通常都採納另一種解釋——烹調可提高對食物的利用和吸收，但這種說法並未掌握到重點。數百萬年來，有機體完全不需要爐灶就可以存活，所以，怎麼會有人無知到堅持違背這種方式的烹調過程可以改善我們的生活？假如在這幾百萬年中，生食的比例都維持正常，直到現在才開始對食物進行某種改變，譬如加以烹調，還認為此舉能使食物被利用與吸收的程度超過正常比例，無疑是一種誤會。假如我們得到的結果是肥胖，這絕對對身體健康無益。我們也不需要有多偉大的見解就能察覺，這種對內分泌平衡的攻擊所造成的不良後果，可能會留給我們一個爛攤子，許多表面上不相關的疾病將等著我們善後。

◉ 酵素銀行帳戶

在動物世界中，酵素強化劑可源源不絕地自食物中取得。但對人類而言，由於我們的酵素攝取量幾乎為零，全身數兆個細胞都會被徵召加入供應全部酵素需求的行列。這是因為我們幾乎不吃熱量高的未烹調食物。生菜沙拉、蔬菜及多汁的水果等生食的熱量雖低，但酵素含量也很低。我將在第六章中進一步討論這方面的問題，現在我先簡單論述一下。假設我們每天

攝取兩千五百卡路里，飲食內容包括一分萵苣沙拉、一顆蘋果及一顆橘子，這幾項食物的熱量約為兩百卡路里，也全都是可提供酵素的生食，而沙拉醬汁中的熱量則必須被計算為熟食的卡路里。所以結果是，將有高達兩千三百卡路里的熟食完全得使用食用者體內的酵素，而只有兩百卡路里能供應一些酵素。但我懷疑有多少人每天會攝取兩百卡路里的生食。市售的盒裝橘子汁即屬於熟食。

其實，我們不難理解身體的酵素帳戶之所以變得入不敷出是因為大量提領，卻吝於儲存。如同前述，假如我們快速地揮霍體內的酵素，壽命就無法像節約地使用酵素那麼長。就像溺愛子女的父母總是慷慨迎合子女的需索，身體也會大方滿足對消化酵素的需求。我們對於酵素帳戶的破產有一項驚人發現——這種過程可能不會產生痛苦，期間也不會出現任何直接的症狀。食物的消化是非常急迫的作用，對酵素的需求也會造成極強烈的刺激。假如這種作用耗費的酵素超過正當值，其他器官與組織就必須設法依賴剩餘的量來支撐其運作。唯一的警訊可能是遠離消化道的某樣器官在延遲一段時間之後才出現的功能障礙及損壞。但如果診斷者不明瞭酵素營養的重要性，就難以將這種警示與根本病因聯想在一起，這也可能是人類各種疾病的起因。上述情況又會導致什麼結果？壽命縮短、器官的健康情形變差，以及煩人的疾病，這些全都可歸因於酵素不足的飲食。現在就讓我們更仔細地來研究相關證據。

文明帶來的生理變化

　　現在我將揭露一項塵封已久的事實，內容可能會令各位讀者相當不安，甚至大為震驚。我們已習慣將文明與人類腦部容量的增加相提並論。智人種（Homo sapiens，在生物學中，人被歸類為哺乳綱靈長目人科人屬智人種，學名為 Homo Sapiens Linnaeus）的頭蓋骨容量比進化等級較低的人類祖先頭蓋骨容量要大許多。過去的作家習慣假設未來人類的頭腦將變得極為巨大，但下肢卻由於缺乏使用而愈變愈小，以致每個人都將需要一輛特殊的個人手推車，來隨身攜帶龐大的頭顱！在我們明白這些作者所犯的錯之前，我們確實表現得相當憂慮。目前只發現五萬至十萬年前的尼安德塔人（山頂洞人）的頭蓋骨化石，但要在這些頭蓋骨裡放入人類的腦部，卻綽綽有餘。這表示，雖然我們腦部的額葉（智能活動中心）可能較大，但部分山頂洞人的腦仍比我們的還大。難道文明會造成腦部變小？在我說明一些相關證據之後，各位得自行針對這個問題作出結論。

　　部分跡象顯示，野生生活會提供某種在受保護的文明生活圈中已不復見的智力活動。達爾文提過，豢養兔子的腦比野生兔還小。屬於第一批在實驗室使用白老鼠進行實驗的科學家唐納森（Donaldson）寫過，被關在籠子裡的大鼠、天竺鼠、獅子、兔子及狐狸的腦部重量或頭蓋骨容量會比其野生同類要

小，其中，豢養的天竺鼠減少約7%。如果以相同體重的動物來比較，野生挪威鼠的腦部體積比實驗室白老鼠大7%～15%。

表5.1節錄自我更詳細的一分器官重量表。腦部重量是以其占體重之百分比的方式來表示。我們從表中可以看出，野生草甸鼠的腦部是實驗室小鼠腦部的兩倍重。在與豢養動物比較時，我挑選了體重相差不多、較近似的野生動物。假如我們想確認器官重量的資料，只能選擇體重相當的動物來進行比較。在以豢養的羊、牛及馬與其野生同類進行的比較中，所得結果都是野生動物的腦部較重。表5.1中的每一項數據都是許多樣本的平均值或中數。

當我試圖解釋豢養動物的腦部重量減輕的原因，第一個閃進我腦海的想法是豢養環境會使動物的神經系統比較放鬆。假如肌肉保持鬆弛，並且有一段時間鮮少被使用，即會變得較小──萎縮了。當神經系統完全臣服在平靜的文明生活，我們還能期望腦部變得更大或維持其重量嗎？在野生環境中，動物每天都必須面對覓食、尋找遮蔽處及對抗敵人等挑戰，因此時時刻刻都處於壓力之下。為了解決這些問題，野生動物的腦部必須維持在一種能發揮高度效能的狀態。眾所周知，班傑明·富蘭克林曾將人類稱為「製造工具的動物」。但難道不就是因為有了工具，才產生了現代人類，並導致腦部變大，以及讓「似人類」演化成早期的人類嗎？當「似人類」的手開始把玩尖銳的石頭與棍棒，腦細胞即發展出愈來愈多的原生質延伸物，並

表 5.1
野生與馴養動物的腦部重量

	研究人員	體重（公克）	性別	腦部（占體重的百分比）
加拿大野生小鼠	克賴爾（Crile）及奎林（Quiring）	23.7	公	2.78
加拿大野生小鼠	克賴爾及奎林	22.9	母	2.82
俄亥俄野生小鼠	克賴爾及奎林	27.9	公	2.65
俄亥俄野生小鼠	克賴爾及奎林	25.2	母	2.85
204隻野生小鼠的平均值		*24.9*		*2.78*
實驗用小鼠	馬歇爾（Marshal）等人	35.0	—	1.34
實驗用小鼠	安東（Anton）	36.9	公	1.21
實驗用小鼠	安東	30.4	母	1.60
23隻實驗用小鼠的平均值		*34.4*		*1.38*
豢養的羊	豪威爾（Howell）	43,495	—	0.25
野生的黑斑羚及瞪羚	克賴爾及奎林	44,980	—	0.31
豢養的牛	豪威爾	486,611	—	0.08
野生的水牛及牛羚	克賴爾及奎林	515,003	—	0.11
豢養的工作馬	克賴爾及奎林	270,500	—	0.17
野生斑馬	克賴爾及奎林	281,066	—	0.20

因此與其他神經細胞連結，以因應這種新活動。如果安排悠閒的實驗室小鼠去完成一些有趣但困難的任務，其腦部重量便會增加2%～3%，其作用機制便與上述情況類似。

　　上述有關各物種在不同環境下腦部重量的比較表，可供有興趣的讀者評估事實並作出判斷。儘管我讓讀者自己作出明確

的結論，但豢養在某方面會對動物的心理活動發揮平靜的效果，並因此縮減其腦的大小，似乎也是事實，也或許僅限於腦部某些部位。這項證據使我們相當明確地了解，我們還必須考慮另一項有類似效應的因素。當文明生活襲捲人類及其豢養的動物，這些生物的食物也都產生顯著的改變。食物內容不再涵蓋所有已供應牠們數百萬年的成分，其中影響最深的當屬使用火所導致的不足。研究這個主題的學生必須將這項因素列入考慮，才能對腦部大小的變化作出結論。

◉ 營養與腦部重量

豢養方式改變了另一項不可忽略的因素——營養。像大鼠、小鼠、天竺鼠、倉鼠、狗、兔子、猴子及貓這類實驗及豢養動物的食物都是一種近似殘骸的工廠產物，不是罐頭裝、顆粒狀，就是微粒狀。牠們的標準飲食中不包含任何生食，也完全不含食物酵素。不過，這些食物卻含有各種維生素及礦物質。而羊、牛及馬等牲畜也遭受部分食物酵素流失的傷害。市售加工食品在這些動物的飲食中所占的比例愈來愈高，這類食品都在工廠中經過加熱處理，因此已喪失原有的酵素。

當大鼠食用「工廠」食品，體重會上升，而腦部重量則會下降，我根據五十分以上陸續發表在科學期刊上的報告才得到這樣的結論，以下的圖表即簡單地說明這項資料。

實驗室大鼠的飲食已有大幅轉變。在十九世紀的前二十五

年，實驗室大鼠通常是吃由熟食及生食混合而成的飼料，而且經常會吃人吃剩的食物，某些情況下還會包含大量的生穀物，包括完整穀粒與研磨過的。而數據顯示，任何年齡或是體重等級（從五十四至三百四十公克）的大鼠，如果是以工廠食品維生，其腦部重量就一定較輕。

表5.2及5.3即說明了以上結論。表5.2顯示，蘇非亞（Sofia）在一九六九年的實驗大鼠體重達到二百七十公克所需要的時間，大約只是唐納森在一九二四年使用的白老鼠所需的四分之一，而和野生挪威鼠所需的時間比起來，甚至顯得更短。蘇非亞博士在一封寫於一九六九年的信函中指出，他的大鼠吃的是市售實驗室乾燥飼料。雖然體重同樣是二百七十公克，蘇非亞的現代大鼠腦部重量卻比一九二四年的白老鼠少了10%，和野生挪威鼠比起來，更幾乎少了25%。而從表5.3可以看出，蘇非亞在一九六九年所使用的實驗大鼠在一百四十天大時，其身體及腦部即達到最大的成熟重量，反觀一九二四年的白老鼠及野生挪威鼠則還繼續生長，而其壽命至少是蘇非亞一九六九年所用大鼠的四倍之多。

實驗室小鼠的腦部重量在短短一個月之內就能產生變化。哈佛大學醫學院的馬歇爾、安德魯斯（S. B. Andrus）及梅厄（J. Mayer）三位醫師發現使小鼠快速增胖的方法。表5.4、5.5和5.6列出這四組老鼠的實驗數據。第一組遺傳了一種易胖體質，牠們在十二至十六週時就被解剖。第二組則在成年階段才

表 5.2
不同食物對大鼠身體成長速度及腦部重量的影響

品種	研究人員	年份	體重（公克）	腦部重量（公克）	年齡（天）
Long Evans 大鼠	蘇菲亞	1969	270.0	1.730	70
白老鼠	唐納森	1924	270.7	1.945	270
野生挪威鼠	唐納森	1924	270.4	2.256	318

表 5.3
140天大的大鼠身體及腦部的重量

品種	研究人員	年份	體重（公克）	腦部重量（公克）	年齡（天）
Long Evans 大鼠	蘇菲亞	1969	421	1.94	140
白老鼠	唐納森	1924	211	1.88	140
野生挪威鼠	唐納森	1924	165	2.07	140

表 5.4
正常及天生肥胖的幼鼠之腦部重量

	體重（公克）	腦部重量（公克）	腦部重量（％）
正常幼鼠	23.3	0.377	1.6
天生肥胖的幼鼠	46.9	0.320	0.7
在相同年齡時，天生肥胖的幼鼠體重會是正常幼鼠的兩倍，但腦部卻比正常鼠小。			

表 5.5
正常及天生肥胖的成鼠之腦部重量

	體重 （公克）	腦部重量 （公克）	腦部重量 （%）
正常成鼠	29.2	0.409	1.4
天生肥胖的成鼠	66.6	0.343	0.5
正常成鼠與天生肥胖的成鼠體重及腦部重量差距會愈來愈大。			

表 5.6
正常成鼠與因化學及手術方式導致腦部損害的成鼠之腦部重量

	體重 （公克）	腦部重量 （公克）	腦部重量 （%）
正常成鼠	34.9	0.469	1.3
有化學損傷的成鼠	55.9	0.453	0.8
有手術損傷的成鼠	54.9	0.443	0.8
被以化學或手術方式造成腦部損害的成鼠體重會超過正常成鼠，但腦部重量則會減輕。			

資料來源：馬歇爾；安德魯斯；梅厄，《美國生理學期刊》，1957。

被解剖。第三組會被注射硫金葡萄糖以使其增胖，這種物質會造成腦部特定區域的損傷。第四組老鼠則被以手術方式傷害腦部的同一塊區域。

　　根據馬歇爾等人的研究結果，在因手術或化學方式導致腦部傷害的老鼠體內，肝臟、心臟、腎臟及胰臟都會變大。在一分早在馬歇爾等人的研究之前就已完成的研究報告中，一組研究人員對二十隻狗持續進行大量右旋糖（葡萄糖）的靜脈注

射，結果在一至七天內即會造成所有的狗死亡。這種方式也會導致腦下垂體及胰臟嚴重出血及損壞，並出現肝臟明顯增大的情況。根據這項實驗及其他實驗，我們不得不相信，長期習慣性地使用精製糖及其他碳水化合物可能會造成類似以上的腦部損傷。

一般都相信，肥胖是文明的疾病，並且和「營養不良」脫不了關係。在此，「營養不良」指的是酵素營養不足，因此我們可以說，受到文明及肥胖影響的腦部都會變得較小。這項證據引發我們強烈懷疑，當一個人身上增加一些無用的脂肪，他的腦部是否也會變小。這種想法也讓人懷抱無限希望，假如你的體重過重，那透過含有70%生食熱量的飲食減去二十至三十磅（約九～十四公斤）之後，你就有可能增加有益的體重到你的腦部以獲得更多腦力，並因此擁有更理想的心理狀態，以處理艱難的事務。

器官重量研究已經一再證明，營養不良會對大部分的內分泌腺（如腦下垂體、甲狀腺及胰臟）以及多種器官造成嚴重傷害。而隨著內分泌腺及器官重量的全然改變，即會產生肥胖。肥胖本身只是潛藏的、更嚴重的疾病的表徵。在馬歇爾的老鼠實驗中，肝臟會變得異常脹大，而心臟、腎臟及胰臟也會增大。醫學文獻上已經有強力的證據顯示，大量使用精製糖會損害腦下垂體，也可能造成類似由馬歇爾等人以人為方式產生的腦部損害。

當我們開始研究體內的器官，酵素營養不足所造成的副作用才被揭露出來。我們無法由外觀看出任何損害，必須研究內部。試想，我們可能有胰臟變大的問題，而變大的甲狀腺即為甲狀腺腫的症狀，不僅看起來不雅觀，也有不良作用。增大的腎臟、肝臟或是脾臟都不是好現象。如果是心臟肥大呢？這可能會致命。胰臟肥大也不是什麼值得引以為傲的事，因為這種胰臟可能會比較小的胰臟消耗、浪費更多寶貴的酵素。我並不希望各位因此就認為，造成老鼠腦部變小、肥胖就是無酵素飲食對活的有機體所能造成的全部損害了。

我們應該了解，多重加工的工廠食品並不只用來餵養實驗室中的老鼠，以便在進行各種研究的過程中維持其生命。完全相同的技術也應用在寵物食品的生產上，而多年前，這種「老鼠食品」更被用於人類身上——一種經過高度精製加工的乾式早餐麥片，至今在各種商店的貨架上仍然可以見到。除非有科學研究證實其無害，否則我們還是必須懷疑無酵素飲食是造成任何人類疾病的罪魁禍首之一。工廠食品之所以被普遍用來餵養實驗室動物、寵物狗，乃至貓咪，原因不難理解，並非由於其製作過程符合科學的嚴格標準，而是因為便利性。

想知道採取文明的生活方式是否會造成傷害，可觀察發生在被監禁的野生動物或馴養動物身上的情形。這些生物必須放棄自然的習慣及食物，並吃我們提供的食物，結果牠們的體重增加，腦的重量卻減少。現在就讓我們來探討酵素營養不足對

胰臟的影響。

◉ 飲食與胰臟大小

　　人類的胰臟是否過大？我的器官重量表顯示的確如此。以下即為證明。當你吃的食物中未含有能進行預消化的食物酵素，你的胰臟便不得不變大，以產生更多內部酵素來進行這項工作。胰臟本身還是頗為健壯，但你的器官和組織卻必須依賴數量較少的代謝酵素來勉強運作，這正是癌症、高血壓、心臟病及關節炎等棘手疾病必定會發生的原因。這種情形是酵素營養不足最惡劣的一項陰謀。你體內的每種物質都會持續消耗，並須要替換，這種過程即被稱之為「代謝」，也是生命運作的一部分。代謝酵素負責這項工作，因此你需要大量的代謝酵素。你可以呵護這些好管家，改由外源酵素來進行大自然及數百萬年的進化過程已經賦予它們的任務——預消化食物。

◉ 胰臟與酵素活性

　　胰臟會發送訊息到體內各部位以搜尋酵素，並將其再加工製成消化酵素。胰臟甚至可能會侵入前驅物（Precursor）的倉庫。情況緊急時，胰臟將盡一切努力設法取得所需的前驅物。一旦胰臟發現所需的物質，即會開始運作。對胰臟而言，將代謝酵素轉變成消化酵素是額外的工作，它必然會因此變得更大，這種情形就像多運動會讓肌肉更發達一樣。胰臟變大可能

對其本身不會造成傷害，但當胰臟徵收代謝酵素，就會對全身造成傷害，因為此舉會讓身體喪失使每種器官及細胞繼續其各別作用與功能所需的機制。如果光就我們的健康而言，無論胰臟是暗中將代謝酵素改製成消化酵素，或是徵收代謝酵素的前驅物，影響都一樣。上述兩種情況都會造成我們的腦部、心臟、關節及所有器官與組織因酵素勞力短缺而受損。

表5.7中的資料來自阿拉斯加學院的迪特里克（R. A. Dieterich）等人所進行的研究，這些科學家捉了幾隻野生老鼠，然後將其解剖，以便測定器官的重量。他們測量了多種器官的重量，但我在這張表中只摘錄了胰臟的資料，並以其占體重（公克）的百分比來表示。

表 5.7
野生老鼠與實驗室白老鼠的胰臟重量比較

物種	研究人員	體重（公克）	胰臟重量（%）	樣本數
8隻野生老鼠	迪特里克等人	37.1	0.32	141
實驗室老鼠		30.8	0.84	11

在表5.7中，實驗室老鼠的胰臟重量以0.84%表示，而野生老鼠則為0.32%，亦即實驗室老鼠的胰臟重量是其野生同類的兩倍以上。這些數字說明了，當實驗室白老鼠因人類的安排而必須以無酵素飲食維生，體內會出現的悲慘狀況。當實驗室老鼠的胰臟為了能從體內其他部位籌到足夠的酵素前驅物（En-

zyme Precursor，又稱「酵素原」）來分解原本應該由食物酵素消化的食物，而必須增大到其野生同類的二倍半以上，你就可以了解這種無痛傷害的強度與嚴重性。我現在是利用老鼠實驗的例子來說明，但無酵素飲食不僅被供應給所有實驗室動物，還針對貓、狗及人類大力宣傳。我真的相信，這項資料與各位讀者息息相關。因此是否將這項訊息傳播出去，讓更多人能夠覺醒，正視人類健康問題的潛在危險，完全由各位決定了。

◉ 無酵素飲食會導致胰臟肥大

　　科學家在接受某種新觀念之前，總會希望取得充分的證據。因此，我將從另一種角度來說明「食物酵素概念」。在上一張表中，我已經比較過老鼠胰臟的大小，也說明了由於野生老鼠食用含有完整酵素的生食，因此和實驗室老鼠比起來，自身酵素力的耗費要少許多，而實驗室老鼠吃的工廠食品不含酵素，因此無法幫助牠們減輕對自身酵素力的消耗。我認為，這是野生動物未患有人類任何疾病的主要原因。如果讀者想對此進行調查，不妨進行一項營養實驗，餵一群老鼠吃生食，同時讓另一群老鼠吃烹調過的同一種食物（因此就不含酵素）。完成這項實驗的合理時間大約是兩個月，接著解剖這些動物，並測量每一隻老鼠的胰臟重量。但你現在只須讀這分實驗報告就可以了，因為我們已經完成了這項工作。

　　在器官重量研究中，有一些基於各種理由而希望了解器官

大小的科學家將胰臟（其實是一種腺體）加入研究項目內。不幸的是，許多這類科學報告卻都遺漏了胰臟。在表5.8中，我列出了一些擷取自唐納森的著作《老鼠》（*The Rat*）中有關實驗室老鼠胰臟重量的數字，以及德國科學家布里格（Brieger）貢獻給德國期刊《實驗胚胎學家威廉・魯的生命科學與生物技術資料全集》（*Wilhelm Roux' Archiv Für Entwicklungsmechanik Der Organismen*）的數據。布里格對食物酵素一無所知，他只是想了解，分別以生肉、生鮮蔬菜及綜合性生食維生的三組動物，其胰臟、肝臟、腎臟及心臟的重量是否會有所差異。

表 5.8
餵食生食或熟食之老鼠的器官重量
（占體重的百分比）

研究人員及飲食	年分	體重（公克）	胰臟（％）	肝臟（％）	腎臟（％）	心臟（％）
布里格，生肉飲食	1937	124.4	0.175	6.51	1.10	0.456
布里格，生菜	1937	125.0	0.159	5.82	0.738	0.403
布里格，綜合性生食	1937	126.0	0.161	6.45	0.984	0.406
布里格，上述平均混合	1937	125.1	0.165	6.26	0.941	0.422
唐納森，隨意型飲食	1924	125.4	0.521	5.68	0.913	0.447

為了使唐納森博士提出的實驗室老鼠胰臟重量百分比（又稱相對重量）的數據更具說服力，我在表5.9中列出了實驗室老

表 5.9
食用實驗室食物的老鼠之胰臟絕對重量與相對重量

研究人員	體重 （公克）	樣本數	性別	胰臟重量 （公克）	胰臟重量 （占體重的 百分比）
哈泰（Hatai）	223	6	公	1.10	0.494
哈泰	230	6	母	1.12	0.488
赫斯（Hess）及 魯特（Root）	248	16	公與母	0.874	0.352
赫斯及魯特	273	16	公與母	0.945	0.346
哈米特（Hammett）	258	121	公	0.820	0.317
哈米特	179	121	母	0.682	0.381
傑克森（Jackson）	389	6	公	1.05	0.270
斯金勾史（Schin- goethe）等人	468	8	公	—	0.395
斯金勾史等人	300	8	母	—	0.519
斯努克（Snook）	615	4	公	3.25	0.528
上述平均	318			1.23	0.409
唐納森的表	317		公與母	1.485	0.469
布里格的平均值	125	58		0.207	0.165
唐納森的表	125		公與母	0.714	0.521

鼠胰臟重量的數字來進一步說明。每個數字都代表科學家為了
各種原因在不同時期完成的研究。請注意每一項研究計畫所使
用的動物數量。布里格總共用了五十八隻。這些報告中也提出
了其他器官的重量，但我並未將它們納入這張表中。

　　從比較布里格與唐納森分別得到的 0.165 與 0.521 兩個數字
可以看出，以酵素營養不足的飲食維生的老鼠與吃含有完整酵
素食物的老鼠相比，前者的胰臟大小是後者的三倍以上。換句

話說，食用不良飲食的老鼠胰臟會比以生食維生的老鼠的胰臟浪費三倍以上的酵素。由於研究所需的時間通常不會太久，因此，大部分的實驗室老鼠被使用的時間也不長，接著就會被銷毀，所以一般而言，這些老鼠較差的健康狀況也不會被注意到。但曾有研究將實驗延長至所有老鼠都自然死亡為止。解剖這些老鼠時，就顯露出許多驚人的人類典型退化疾病。

我們可以從前述數據中得出一個結論，現在的酵素不足飲食可能是造成腦部重量及大小縮減、胰臟不正常增大、代謝酵素前驅物的浪費及許多退化疾病的主因。除了爐灶這個所謂現代禍源外，無數家以「精製」或改變食物本質為業的食品工廠也使這種情形更雪上加霜。幾乎每一種精製過程都會去除食物中的許多酵素，而且時常會加入可能致癌的物質。為了向各位說明精製產品的荒唐事蹟，讓我們來看一下蔗糖被濫用的情況，及其對身體造成的危害。

精製白糖——主要敵人

調味糖（蔗糖）多年來一直受到牙醫、營養學家及醫師的大力抨擊，這種物質是曾經以食物之名出現在人類生活中的最大禍害。內分泌學家同意，內分泌腺系統及神經系統會聯手調節食欲，因此身體才能攝取適當分量的食物。糖卻破壞了這種巧妙的平衡。由於蔗糖「純度」高達100%，這種高熱量的不定

時炸彈會襲擊胰臟與腦下垂體，使荷爾蒙的分泌亢進，其強度足以媲美以藥物及荷爾蒙在實驗室動物體內製造的情形。由於糖分會破壞巧妙調節的內分泌平衡，使其秩序大亂，因此是內分泌學家追緝的重要罪犯。

基於以上認知，微爾蒙特大學（University of Vermont）的西姆斯（E. A. H. Sims）與荷頓（E. S. Horton）於一九六八年在《美國臨床營養期刊》（*American Journal of Clinical Nutrition*）上發表了一篇標題為〈肥胖與饑餓的內分泌與代謝適應作用〉的文章，其中有這麼一段描述：「這類機制如果被擴大或扭曲，可能會干擾正常的熱量平衡。」這種說法對於糖分進入人體後的破壞力算是溫和的了。

就像西姆斯博士與荷頓博士指出的，如果吃的是含有所有必需營養元素的正常食物，體內的腺體在身體已經取得足夠的食物時立刻就會得到訊息，而且會像我們關水龍頭一樣，馬上關閉食欲。

但當糖分進入嘴裡並展開其邪惡的陰謀，它會干擾內分泌的交換機制，使其陷入一片忙亂。這些腺體明白有機體已載入許多熱量，但儘管四處搜尋，平常會隨著熱量出現在體內的營養現在卻遍尋不著。於是身體接到了必須攝取更多食物的指令，以期能獲得重要的維生素、礦物質及酵素，而身體的反應就是食欲增加。請千萬不要被這種反應給愚弄了，受糖分誘發而增加的食欲所需索的並非更多糖分或受其汙染的食物，而是

失蹤的營養元素，這才是你身體所渴求的。每天攝取各種加糖的食物及飲料是無法根除腦下垂體及胰腺被過度刺激的原因之一。甲狀腺及腎上腺也會感受到這種刺激造成的衝擊。滋味甜美的糖分所引發的虛幻渴望與感覺，跟毒品受害者被毒品控制時所經歷的恍惚狀態沒什麼兩樣。由於糖分具有摧毀微妙內分泌平衡及導致一連串致命後果的能力，因此其運送空熱量所導致的損害，相形之下就顯得微不足道了。

「加糖調味」是一種成本不高、又可讓許多產品變得容易入口的手段。每個人應該都聽過「包有糖衣的藥片」（Sugar-Coated Pill）。這可能指一種真的藥片，也可能暗指一種令人難以接受的可疑論述。食品產業中有一大部分都倚賴糖分來提高產品銷售。各位能想像口香糖如果少了糖會是什麼味道？或是可樂飲料？未加糖的餅乾和蛋糕都會滯銷，甚至連品質較差或未熟的水果都可能被注入這種白色物質，以便能盡快售出。

加糖的穀類加工食品及數百種產品都是以加糖調味的方式製造而成，這也是為什麼在美國，每年每人（包括男性、女性及兒童）平均要吃掉將近五十公斤糖的原因。假如政府宣布禁用糖，有可能會動搖美國商業的基礎。對二十一世紀人類的終極傷害是否可能來自現今食用糖的習慣，或來自對糖精等人造甜味劑的消費，仍有待觀察。

由於金（J. Yudkin）醫師率領的四位倫敦大學科學家為了探究人類在三十多年來一直飽受某些心臟病侵襲的原因，於是

在一九六八年完成了一項檢查。包括於金在內的幾位醫師，將許多疾病的致病原因歸咎於人類將飲食中大部分的碳水化合物改以調味糖及添加了調味糖的產品來代替。這幾位倫敦研究人員說服十位年輕男學生進行兩週的飲食實驗。這項飲食計畫中，有50%的熱量來自碳水化合物。其中五位受測者食用的所有碳水化合物都是普通白糖，而其他受測者的碳水化合物來源則是用麵粉製成的薄煎餅，完全不添加任何糖。這十位受測者的飲食還包括肉類、綠色蔬菜及脂肪。為了增加實驗過程的趣味性，所有受測者都獲得一項獎勵，即在所攝取的熱量中允許9%來自酒精飲料。在一週結束時，使用糖的這組轉成吃薄煎餅，而吃薄煎餅的這組則改成在用餐、喝飲料時及正餐之間都必須攝取糖分。糖的分量是一天一千八百卡路里，這個數字其實不會高於許多人平常的食用量。

兩種飲食都使膽固醇的值提高約40%。血液生化值也出現一些其他變化。但最令人驚訝的發現是，十位受測者在攝取糖時，尿液中就會出現蔗糖。這項發現代表蔗糖必定是最先被血液吸收。這幾位醫師由這項實驗結果推論，調味糖（蔗糖）有可能出現在數百萬人的尿液中（蔗糖和在糖尿病患者尿液中出現的糖分並非同一種。後者是所謂的右旋糖或葡萄糖）。令人訝異的是，教科書都教導我們，由於腸膜的防守極為嚴密，因此蔗糖絕無法潛入血液中，必定會先被分解成葡萄糖。當蔗糖真的得逞，它在幾分鐘之內就能隨著血液循環繞行全身好幾

圈。這種物質是否會對器官與組織造成傷害，都尚未有定論，而這幾位倫敦醫師則對此極為憂心。

◉ 糖分與肥胖

有兩位醫師在研究其肥胖病患不曉得何時必須停止進食的原因之後，於一九七〇年以〈肥胖——蔗糖引起的無飽足感〉為標題發表了他們的研究發現。卡邦斯（M. Cabanac）醫師與迪克勞斯（R. Duclaux）醫師都是法國里昂生理學實驗室的醫學教授，他們分別對肥胖病患以及正常體重的人進行糖味道的試驗。肥胖病患包括十位平均體重為八十三公斤的女性，以及五位平均體重為九十二公斤的男性，另外還有六位女性及四位男性的正常體重參與者。這項試驗相當複雜，主要流程包括讓受測者在斷食十二小時之後，先喝下一杯右旋糖（Dextrose，即葡萄糖），再品嚐各種濃度的蔗糖溶液，或是在品嚐蔗糖溶液之後再喝右旋糖。喝下右旋糖之前，十位正常體重的受測者都覺得蔗糖的味道頗為可口，但喝過右旋糖之後，如果再提供濃度極高的調味糖（蔗糖）溶液，這十位受測者則都對其味道不敢恭維。相反地，肥胖者則不論嚐到什麼甜度的味道，似乎都不會感到任何不愉快。這幾位醫師因此推斷，肥胖者體內調控食物攝取的號誌已經錯亂了。透過醫學偵察，這些誘人的白色小顆粒造成身體運作機制反常的陰謀已經漸漸被揭發了。

儘管白色調味糖一直受到輕視，但右旋糖卻在許多人的飲

食觀念中具有某種莫名的神聖地位。右旋糖和葡萄糖基本上是指同一種物質，是一種由於被剝奪了每種有價值成分而喪失力量的碳水化合物。這種被稱為右旋糖的殘骸幽靈由於也經過精製，因此並不比蔗糖更適合作為食物。在從玉米萃取這種物質的過程中，包括蛋白質、脂肪、礦物質、維生素及酵素等所有食物元素都已經流失了。右旋糖的價格極為低廉，因此想賺大錢的食品加工業者無不利用這種物質來增添所有食物的甜味以欺騙消費者。如同我們將在第六章中介紹的，右旋糖可能會造成不良影響。食品加工業對此倒不會感到良心不安，他們沒有進一步大量使用右旋糖的主要原因，在於這種物質的甜度只有蔗糖的一半。

右旋糖是以酸性物質將玉米粉烹煮後提煉而成的，原本應該只作為我們偶爾會在醫院中施打的臨時靜脈注射藥物。對調味糖與右旋糖的指控已經嚴重到足以將兩者置於人類的禁區中，並使其只能透過醫師核發的處方籤才能取得。大型食品加工廠的化學家都極重視效率，他們對自己的專業知識也都瞭若指掌，卻無暇顧及消費者的健康。沒錯，他們會挺身而出保護大眾免於遭受立即的毒害，但可不會擔心消費者在吃了產品二十年後體內會出現什麼樣的後遺症。假如後遺症是某種致命疾病，結果也不過是成為死亡證書上的一個名稱，以確立疾病的性質，就沒人會懷疑這跟食物有所關聯。

◉ 吃糖的危險

專門刊載世界各地各種科學資訊的《大自然》（*Nature*）期刊，在一九六九年刊登過一篇來自英國、和食品技術人員推廣產品之效率有關的報告。發表這篇報告的兩位英國化學家布魯克（M. Brook）與諾爾（P. Noel）在當時顯然是想推銷某種產品，因此發表了一些原本應提供給糖果及糕點食用者的資訊。他們連續二十六週使用兩種飲食來餵養五隻狒狒。其中一種飲食的碳水化合物成分中含有蔗糖，而另一種則含有右旋糖。在實驗期結束時，他們檢驗狒狒腹部的脂肪，結果發現蔗糖產生的脂肪是右旋糖的三倍之多——會致胖三倍。這兩位實驗者因此建議食品加工業者正視這個問題，對於在超市販賣的食品應該改用右旋糖來代替蔗糖。但從人類長期健康的觀點來看，我不得不認為，此種替代方案其實無異於建議你將床頭伴侶從響尾蛇換成眼鏡蛇。

阿姆斯特丹荷蘭營養學院醫學系的道爾德魯普（L. M. Dalderup）醫師與維瑟（W. Visser）醫師於一九六九年決定要找出糖分對壽命的影響。為了充分檢驗，他們收集了兩組白老鼠，兩組中公鼠和母鼠的數量都相同，總計八十八隻。兩組老鼠都被餵食經過加熱處理的人類食物，外加少量的新鮮蔬菜及香蕉。但其中一組老鼠的食物是以調味糖（蔗糖）代替同熱量的馬鈴薯麵包。這些老鼠在實驗開始時已三週大，牠們靠著這種飲食活了三百六十四天，接著就開始陸續死亡。所有老鼠在八

百一十九天後全部死亡。攝取糖的老鼠壽命較短,公鼠約短了15%,母鼠則約5%。所有動物都出現嚴重的腎臟病,但攝取糖的公鼠則較早罹患。眾所周知,以加熱處理過的無酵素飲食維生的老鼠經常罹患腎臟病,而這種飲食向來是實驗室老鼠的標準飲食。

在一九六九年的《蓋氏醫院報告》(*Guy's Hospital Reports*)中,蓋氏醫院醫學院的麥克唐納(I. MacDonald)醫師在他的報告〈蔗糖——除了造成蛀牙外,還會導致什麼後果?〉中分析了反對糖分的醫學指控。在一九七一年發行的《糖尿病學》(*Diabetologia*)中,以色列希伯來大學的柯恩(A. M. Cohen)與羅森曼(E. Rosenmann)兩位醫師發表了一項實驗結果,他們以含有79%右旋糖的食物餵養八隻老鼠,再以含有79%澱粉的食物餵養另外十隻老鼠。以含糖飲食維生的老鼠血液表現出一種受損的右旋糖耐受性曲線(Tolerance Curve),患有糖尿病的人就知道,這代表干擾正常血糖值的傾向。此外,使用含糖飲食的老鼠中,有五隻罹患了嚴重的腎臟病。

〈生命的甜蜜之謎〉是一篇於一九七一年刊登在《食物與化妝品毒物學》(*Food and Cosmetics Toxicology*)上的社論,文中引用了許多醫學期刊上的專欄,暗指糖分正是造成以下幾種情形的幕後黑手:動脈硬化、冠狀動脈(心臟)疾病、腎臟病、肝病、壽命縮短、血小板凝結、血中三酸甘油脂上升,以及增加對咖啡與煙草的欲望。

《食物與化妝品毒物學》繼而認為，由於證據還不夠完整，因此無法取得大多數科學家的支持。這種情況就和在法庭上被告在經法定程序證實有罪之前都應該被假定無罪一樣，而這種法定程序進行的速度卻極為緩慢。你可能曾看過有人被一名被告開槍射死，但最後判決卻在數年後才定讞，或是一個專業術語即可讓被告當庭獲釋。就像上述情況一樣，我們可能也要花上一百年才能禁止口服糖分。在此之前，糖分的邪惡陰謀將繼續破壞無數個身體組織，對無辜的年輕人尤其會造成極大的痛苦。我小時候也因無知攝取了許多糖果與糕點中的糖分，讓我在日後後悔莫及。

◉ 糖分與冠狀動脈疾病

倫敦大學的於金醫師在一篇於一九七〇年發表在《美國心臟期刊》（*American Heart Journal*）上的文章中強調，將會有愈來愈多的事實不支持飲食中的脂肪是造成冠狀動脈疾病（將血液直接輸送至心臟的冠狀動脈所罹患的疾病）的主因。他進一步解釋，在十八、十九世紀中，英國及美國地區的糖分消耗量已經提高了二十多倍。和其他國家中發生的情況一樣，糖分消耗量的提高與冠狀動脈心臟疾病的增加有相對應的趨勢。

克利夫（T. L. Cleave）醫師在一九六八年的《刺胳針》（*Lancet*，英國醫學權威刊物）上，將生活在南非納塔爾省的印度人糖尿病與冠狀動脈疾病的高罹患率，與生活在印度的印

度人在這類疾病上的低罹患率加以比較，前者每人每年消耗約五十公斤的糖，後者每人每年只消耗約五公斤的糖。

附帶一提，納塔爾地區的印度人攝取的脂肪大部分為不飽和類。精煉過的玉米油是一種類似殘骸的不飽和脂肪。從品質有保障的生乳提煉出的奶油是一種天然飽和脂肪。基於獲取最完整營養的立場，糖分與脂肪都不是明智的選擇，它們都是如同殘骸的物質，也就是都經過高度精製，只能提供空熱量，對身體都沒有好處，唯一的差別可能只在於何者造成的傷害較大。如同想在月亮與火星之間選一處度假般，由於都可能面對危險與死亡的威脅，因此都無法獲得任何喘息的機會。

一九七二年夏威夷大學提出一項指控調味糖是心臟病主要病因的爆炸性證據。布洛克斯（C. C. Brooks）和他的同事餵八十隻豬吃糖分極高的飲食，結果有六十八隻豬的左心室罹患心臟病。這項實驗結果佐證了於金醫師及其他人多年來抱持的論點。還有一項驚人的發現是，如果將豬隻飲食所含的10%糖分改以椰子油或牛油來代替，這些動物的心臟就能免於內心膜炎的侵害。這項發現可能會讓那些老是憂心飲食脂肪含量的人非常錯愕。

哈佛大學醫學院的亞齊（R. Arky）醫師於一九七二年所發表的報告〈真的好甜！〉中指出，在發現胰島素之前，糖尿病被視為一種碳水化合物代謝過程中的缺陷，但現在我們已經確認這種疾病不只涉及碳水化合物的代謝，也和脂肪及蛋白質有

關。亞齊強調，維持正常體重固然重要，將碳水化合物的種類從軟性飲料、糖果及麵食類改為比較有益健康的類型，也是刻不容緩的。

 ## 食物輻射的危險

有一項技術不但受到軍方大力宣傳，也被認為可被廣泛用來使農產品、肉類及所有超市販賣的未烹調食物保持新鮮，這項技術就是輻射能。輻射能可藉由危險的放射線（最高可放射出4.5雷得的伽馬射線，此劑量的一萬倍即會使人致命）來保存食物，但卻會導致食物中蘊含的所有酵素及重要元素全被破壞。

這項技術已經造成所有產品與我們的環境無法和諧共存，所導致的困境無人得以倖免。許多人造物質的處理已經成為社會問題。無法自然分解的物質堆積如山，塞滿我們周遭環境，也汙染了自然景觀。而仿蛋白質、仿胺基酸或被視為酵素的物質在進入人體之後是否也將留下無法自然分解的殘餘物？我們可能很容易就能看到街道上的雜亂垃圾，卻少有人會懷疑我們體內可能也普遍存在類似情形——大批擁入的廢物塞滿我們的器官並造成汙染，加重了我們的健康問題。

就像地心引力的原理是恆久不變的一樣，我們的原生質也受制於多年的發展與演化。原生質已被貼上一個難以去除的永久標籤，這種標籤和被蓋在特定品牌商品上的商標一樣具有特

殊性。原生質會抗拒被以科學創造的任何物質加以複製。假設到最後實驗室中將可製造出略似胺基酸或酵素的人工合成物，我們將如何使用這些物質？吃掉嗎？或是去吃農業與畜牧業中使用這類冒充物所生產的產品？現代的生態學只能斷然地回答：「絕不！」美國政府一向極為關心保存肉類等食物的問題，尤其關切軍隊在這方面的問題。為保存肉類而對其照射伽馬射線的方式已經過試驗，這些放射線類似原子彈散發出的致命輻射。食物輻射的擁護者則主張，這些放射線會直接穿過肉類，不會有任何殘留。由於並未留下任何**可測得**的物質，因此他們大膽宣稱，經過輻射的肉類既合乎衛生，也極為安全。肉排在經過輻射能照射後，可保存在室溫下的廚房架子上不會腐壞。細菌將無法對其作用，牠們不會攻擊這種以放射線防腐的東西。但我們還必須考慮其他因素。

以危險的放射線來保存食物的方式已被用於二十幾種食物上。麻省理工學院營養與食品科學系的戈德布利斯（S. A. Goldblith）博士於一九六六年發表報告指出，食品與藥物管理局（Food and Drug Administration，簡稱FDA）已開始制訂允許以輻射處理的食物在美國銷售的條例。他對食物輻射線的結論是：「已有許多遠超過法律規定範圍的研究數據證明這項程序的安全性，並顯示這類食品可被食用而不會造成任何傷害。」他的進一步談話顯示，對於他已經親自認可的輻射照射食品，如果還有哪個傲慢自負者敢再厚顏無恥地質疑其安全性，他將

會極為不悅。他非常氣惱，以致遷怒一位英國科學家斯圖爾德（Steward）教授，此人指導一些危險性最高的物質的實驗，結果發現食用輻射照射食品可能導致長期的傷害。

戈德布利斯表示，他已使用這類輻射照射食品餵養數代的動物達兩年時間。但十年或二十年之後會有什麼後遺症？對於高齡產婦的孩子（不是一般年輕母親的第一個孩子），又會有什麼影響？除非能適當地執行實驗，而且時間夠久，否則這些實驗通常無法揭發某種產品引人爭議的特性。如果考慮到有數億甚至數十億人可能接觸到輻射照射食品，為何要倉促地認可其安全性？我們應該以好幾代的動物來測試這項食品，而且一定要用較老的親代交配生出的最後一窩老鼠來當作新一代的實驗對象。假如用年輕母鼠生的第一窩老鼠來做實驗，有害遺傳的累積效應在一段合理的實驗期間內可能還不明顯。較老的親代接觸有問題的試驗物質的時間較久，並可能將較有害的後遺症傳遞給下一代。換句話說，假如一個人想證明輻射照射食品是完全安全的，使用年輕的親代將是明智的方法。但假如實驗目的在於發現較長時間的作用機制，則使用較老的親代更能在合理的期間內揭發一些真相。

一群新德里印度農業研究學院（Indian Agricultural Research Institute）的科學家〔斯瓦米納坦（Swaminathan）等人〕於一九六三年使用**果蠅**進行了一項研究，結果證明果蠅在吃下輻射照射食品後會對其造成傷害。他們的發現已被擴大研究並

得到其他人的證實。由於這些質疑輻射照射食品安全性的不利報告，FDA已針對其先前核准的計畫重新評估。在一分由美國政府印製局（US Government Printing Office）於一九六八年出版的報告《食品輻射計畫現況》中，對輻射食品的未來也存有疑慮。

斯圖爾德教授於一九六五年發表的報告〈放射線對植物細胞的直接與間接影響：這些影響與生長及生長誘導的關係〉被當成攻擊目標。該報告的作者除斯圖爾德教授（皇家學院院士）外，還包括霍爾斯滕（R. D. Holsten）及蘇吉（M. Suggi）兩位博士。這項長期研究在康乃爾大學細胞生理學與生長實驗室完成。這分報告不但驚動了大黃蜂的蜂巢，也激起其他研究人員的興趣。戈德布利斯博士不喜歡該報告結論中的一段文字：「這項研究對食物的放射線滅菌法有其他明顯的意涵。假如放射線效應可透過糖分所衍生的穩定輻射分解物傳遞給細胞，在廣泛使用含有糖分的放射線為食品滅菌之前，我們應該明確了解它是否會造成生物學上的嚴重後果，而且考慮的範圍必須包括短期與長期。」食品殺菌是戈德布利斯博士的得意計畫，他因此認為：「斯圖爾德等人所獲得的結論既無足輕重，又毫無根據。這些結論竟受到大眾媒體的廣泛報導，真是件不幸的事。」

霍爾斯滕、蘇吉及斯圖爾德等人在報告中提及以果蠅進行輻射照射食品安全性測試的事情。他們指出，以被輻射過的培

養基所飼養的果蠅會出現健康受損的跡象。我對其實驗方法極為肯定。在測試輻射照射食品時，我們不該使用大鼠、小鼠、兔子或是天竺鼠，因為這些動物可以活得很久，因此我們需要很長的時間才能獲得結論——也許要花上二十年。如果用蟲類作為實驗對象進行相同實驗，我們可能在一年或兩年內就能對輻射照射食品的影響完成令人滿意的評鑑結果。相較於小鼠一至兩年的壽命，果蠅的壽命只有一、兩個月。對科學家來說，用果蠅做實驗並非全新的嘗試，他們利用這種蟲類來充分檢驗醫學與生物學方面的問題已長達半世紀。戈德布利斯則認為，即便經過輻射的產品真的會對簡單的蔬菜細胞造成損害，也不能證明對較高等的動物及人類會有所影響。他的說法是：「無論如何這類效應無法和包括老鼠、貓、狗、雞及人類等動物功能完整的身體相比，因為這些動物體內無論是消化道對食物的變性、轉化與分解機制，或是肝臟與腎臟的解毒與排泄機制等，都極為完備。」

從這段話來看，我們也許可大膽臆測，戈德布利斯並不反對將我們的肝與腎暴露在輻射照射食品可能產生的危險之下。戈德布利斯在他的抱怨信中並未提及果蠅，這種蒼蠅也是動物，而且也擁有戈德布利斯所指的機制。我並不想對戈德布利斯表現出任何不敬。他對自己的研究計畫投入了許多心血與努力，這點是無庸置疑的。但這件事茲事體大，因此不容草率地含糊帶過。我個人就因為一種過去極受好評但是已喪失信用的

做法而使健康受到永久性傷害。我們已經對高等動物做過夠多的試驗了。荷蘭國立公共健康學院病理學實驗室（Laboratory of Pathology, National Institute of Public Health）的范・勒格滕（Van Logten）等人於一九七一年發表了一篇報告〈經輻射照射過之磨菇對身體的益處〉。他們飼養了三代的老鼠，並採取較有爭議的標準做法，也就是使用第一窩老鼠來當作新一代實驗對象，而非在親代生育年齡快結束時所生的子代。因此，在生長、食物攝取、血液與骨髓成分、特定酵素活性、凝血原時間（血液凝結）、器官重量及組織顯微鏡分析等方面，都未觀察到任何可歸因於輻射的效應。老鼠的健康狀況可說毫無缺點，也為戈德布利斯的立場提供了完美的證明。因此，我們不需要更多這類的老鼠實驗來證明輻射照射食品的安全性了。

由喬治亞州的美國原子能委員會（US Atomic Energy Commission）贊助的食品輻射相關計畫由布勞爾（J. H. Brower）、蒂爾頓（E. W. Tilton）及科格本（R. R. Cogburn）於一九七一年執行。他們以輻射過的全麥粉餵養了九代的印度穀蛾（Indian Meal Moth），並以經過伽瑪射線處理的葡萄乾餵養四代。結果這些昆蟲或是其後代似乎未受到任何傷害，但吃下接觸過較多放射線食物的雌蟲會比吃正常食物的雌蟲產下更多後代，此發現引發許多疑問。假如我們以這種輻射照射食品餵養這些昆蟲長達二十代、五十代甚至一百代，會產生什麼結果？作者自己也指出，輻射過的食物對果蠅造成的遺傳效應是有爭議的。

　　一九六八年的《大自然》中有篇社論指出：「軍方對於被輻射照過的食品採取觀望的態度。」《食物與化妝品毒物學》的編輯也在一九六九年呼籲，我們必須正視許多對輻射照射食品的嚴厲批評，這些批評指出了使用這類輻射照射食品可能造成的健康傷害。在對動物進行更多完整研究之後，又發現更多有關使用輻射照射食品而導致實驗動物罹患癌症的案例。看來部分研究人員似乎忘了要將腫瘤計算在內。

　　康乃爾大學的埃昌迪（R. J. Echandi）、蔡斯（B. R. Chase）及梅西（L. M. Massey）在一九七〇年的《農業與食物化學期刊》（*Journal of Agricultural and Food Chemistry*）中表示，高劑量的伽瑪射線會澈底軟化胡蘿蔔，並使其流失鈣質。巴黎奧賽科學院及居里實驗室（Faculte des Sciences, orsay and Laboratoire Curie）的瑟涅（J. Seuge）、摩歐爾（J. L. Morere）及菲若迪尼（C. Ferradini）於一九七一年以伽瑪射線照射過的開心果果仁來餵養印度穀蛾，另外又以伽瑪射線照射過的馬鈴薯餵養粉介殼蟲。結果發現，印度穀蟲的繁殖力（生育能力）減少了32%，而粉介殼蟲的繁殖力則減少了41%。這幾位作者於是引用國外文獻來證明，包括維生素 B_1 及維生素C在內的維生素都有相當高的輻射敏感度。雖然有這種極有力的證據加以反對，現今仍有許多人準備展開雙臂接受已被危險輻射線襲擊過的食物。一九七二年的《南非醫學期刊》（*South African Medical Journal*）的編輯寫過一篇文章〈新鮮的肉與蔬菜〉，他在

文中指出，在讓脆弱的水果吸收過放射線之後，便很容易讓這種水果以最佳狀態運送到顧客手上。他表示，要說服大眾這類食物是安全無虞的並不容易，應留待醫生進行判斷。

◉ 停止對食物動手腳

我們須要大眾保持警覺才能終止食物被動手腳並遭到損害。我對放射線處理的食品會有興趣其實基於頗為自私的理由──我不希望我的兒孫接觸到這類物質。假如我們不群起反對，超市貨架上將充斥著這類商品。我們不再需要冰箱了，因為這類食物都不會腐壞。各位不妨拿一塊輻照過的肉裝入一個塑膠袋裡，以避免其變乾，然後置放在廚櫃上，一個月後再拿出來檢查。你將發現，這塊肉會像剛放入時一樣新鮮，而正常的肉則會腐敗，並長滿細菌。

對商業市場而言，這種創新的方法真是一大福音。對於以力量強大的伽瑪射線來處理食物的做法，我們的當政者也許無力對抗來自商業界的壓力，而以賺錢為目的的人將會欣然接受這種方法，並對詭譎的長期危害視而不見。我實在難以忘懷DDT殺蟲劑上市時其安全性也曾受到正面肯定，使我們沉浸在選擇性的美化報導中──DDT只會殺死害蟲，對大型動物及人類無害。媒體大肆散播這類報導，這種物質因此四處散布，現在則殘留在所有生物體內，包括新生兒。這種情形和必須帶著一隻響尾蛇四處旅行沒什麼兩樣，令人難以放心。

　　假如各位已經讀過我到目前為止所主張的所有論述，你可能會強烈地想攝取存在於每一種未加熱蔬菜或肉類中的食物酵素，希望能藉此強化自己的健康。其實，還有存在於人體外的外源酵素，這類酵素也極易取得。現在就讓我們來了解有關酵素飲食這種較實際的問題，進而了解應如何攝取這類酵素。

【第六章】

善用酵素為健康加分

有助於治療與維持正常體重的酵素飲食

到目前為止，我已經介紹過食用未烹調食物可取得適當營養的證據。但少有人了解未烹調食物對扭轉肥胖及其他常見健康問題的價值，而有關如何利用特定食物與酵素補充品來改善健康的論述更是少之又少。我將在本章探討富含酵素的食物如何使我們的體重回復正常，並說明這類食物對腺體以及腦部的影響，以及如何輕鬆判斷不同食物的酵素含量。

 ## 酵素飲食

「酵素飲食」這個名詞是我創造出來的，指一種食用未烹調、未加工食物以取得其完整酵素的食物療法。雖然我們很少發現有人類終生都以這種飲食方式過活，但這卻是其他所有活的有機體的生活方式。每一物種都會選擇特定物質來維生。雖然貓可能也吃蔬菜，每一種生物都具備了適合一種食物的消化器官。

以生食維生的人被稱為「生食者」。喬治·德魯斯（George A. Drews）在一九一二年出版了一本書《未經火烹調的食物及營養療法（食物療法）》〔*Unfired Food and Trophotherapy（Food Cure）*〕，內容主要為食譜，其中有些使用了磨碎的小麥粒。其中一分食譜的做法是將磨碎的全麥與蜂蜜及核果片混

合，然後置放在陽光下「烘烤」。雖然炙熱的陽光有點類似烤箱，但這些食材大半仍維持在「生」的狀態。

德魯斯及其他生食者大力提倡這種食物處理法，因為他們認為烹調過程會殺死食物中的「生命原理」。當時他們並不了解食物含有酵素，以及高溫會將其破壞，而且此時尚未發現維生素。但即便缺乏這類具體資訊，他們還是受到「高溫會造成破壞」這類常識的指引。

同樣地，醫學文獻上也列舉過多位為了治療目的而提倡生食的醫師，他們也不了解其中的基本原理，也完全沒有所謂食物酵素的概念，純粹是根據經驗而提倡生食。當時只有一項決定性因素——病患獲得的效果。將生食當成治療媒介的情形於一九二〇及一九三〇年代在德國及其鄰近國家日漸普及。一九三一年《美國醫學學會期刊》上的一篇社論評論了洛厄里（Loewry）與貝倫斯（Behrens）、秋耐特（Scheunert）與比肖夫特（Bischoff）及希爾辛格（W. Hilsinger）三組德國醫師在生食方面的研究成果。德國教授史特勞斯（H. Strauss）也在一九三〇年論述了生食對一般營養計畫的有利影響，文中重新探討馬克斯·葛森（Max Gerson）博士及伯歇爾—本納（Bircher-Benner）博士的研究成果。葛森博士在前往紐約制定治療癌症營養配方之前住在德國，而他在結核病飲食方面的學說當時在德國享有盛名。霍伊普克（W. Heupke）也在德國醫學期刊發表過無數有關生食價值的論文。他主張，當我們吃生菜，消化分泌物中的

酵素會滲入未破裂的植物細胞壁並分解其內容物，接著還能經由未破裂的細胞壁從細胞中滲出。他指出，細胞內的植物酵素可協助分解作用。霍伊普克發表過的幾篇研究報告中詳述多項實驗過程，以佐證這種說法。

 ## 生乳飲食

在巴斯德殺菌法普及前的年代，生乳飲食極為風行，且受到一些醫師的歡迎。當時生乳還未在超市販售，而是由業者運送至每個家庭。牛奶最早是不供販售的，家家戶戶都有養牛，所生產的牛奶、奶油及乳酪也足供家庭所需。這些牛群都在牧場上及森林間漫遊，自行從大自然中覓食。人們不會為了生產更多牛奶而餵牛喝有爭議性的濃縮液。當人類開始遷往都市，牛奶就變成一種商業產品。飼養牛隻的目的是為了產製更多牛奶。強迫牛產出超過其哺育後代所需的量，使其背負經濟效益的重擔，也增加生病的機率。在我小時候，我看到的畜群都不須要獸醫診治。

當牛奶變成商品之後，就會有許多人參與處理，也因此更易受細菌的感染。大量生產的結果導致市售牛奶變多了，但品質卻受到損害。在冷藏時代以前，人們將牛隻養在城市裡的大型棚架中，以便將牛奶迅速運送給消費者。在部分情況下，牛奶會被儲存在地下室，因此絕不會受到陽光照射。後來結核病

開始流行，為預防這種傳染病的擴散，巴斯德殺菌法變成必要程序。值得注意的是，在巴斯德殺菌法普及後，我們卻發現牛奶原有的治療功效已付之闕如，也不再有理由採行牛奶飲食。醫師不再將牛奶視為一種治療法。假如有人希望一探生牛乳對各種疾病的功效，可參考由波特（C. S. Potter）醫師於一九〇八年出版的書《用於治療慢性疾病的牛奶飲食》（*Milk Diet as a Remedy for Chronic Disease*）。請各位謹記，這類參考資料只適用於含有完整酵素的舊式生乳飲食。當然，波特醫師在一九〇八年時對牛奶中的食物酵素也毫無所知。在採用任何種類的飲食時，請務必留心你獲得的建議是否來自在該領域有經驗的醫師。我希望能介紹一些有關生乳飲食實施程序的重要資料，因此我從波特醫師的著作中引用以下內容：

　　肥胖、便祕及體內有毒素的人必須在進行牛奶飲食之前至少三十六小時先進行水果飲食。我最近觀察過的一千個案例平均每天飲用約五點七公升的牛奶。在全面以牛奶為食時，如果喝得不夠多可能會有危險。應每半小時喝一次牛奶，每日必須喝上三十二次。牛奶飲食最少得進行四週，正常來說，這段時間應足以治癒以下疾病：神經衰弱、一般性衰弱、多種皮膚病、輕微貧血、黏膜炎、身體不適、便祕、胃弱、消化不良、花粉熱、痔瘡、失眠、胃潰瘍、瘧疾、神經痛、肺癆、風濕及腎臟病等疾病的初期症狀。較後期的病例則需要更長的時間。

我們可以發現，以上部分疾病的說法並不符合現代科學的學術用語。畢竟，長遠的時間使許多事情有了改變。此外，「治癒」這個詞在當時具有不同於我們現今使用時的意義，當時通常是指一種治療過程，例如人們去洗溫泉，並「接受水療」。我很確定當波特醫師讓病患進行生乳飲食法時，他並不了解自己其實正在對他們進行酵素療法。但進行一種酵素含量完整的全面生食飲食方式至少四週，對任何人的身體都必然會產生深遠的影響，這點應該很少人會有所質疑。任何種類的生食都會降低體內酵素的分泌，並讓酵素機制獲得喘息的機會。在我小時候，生牛奶是一種極為普遍的日常食物。我的母親要求業者每天運送四點四公升的生乳到家裡來給我們四個小孩喝。等到我在一九一〇年代後期對生食產生興趣時，生乳卻已不復可見。現在，巴斯德殺菌法已經變成普世通則，因此，我對於以生乳飲食作為治療方式也沒什麼實際經驗。在某些地區仍可買到經過認證的生牛奶，但我們必須指出，消費者不太可能獲得波特醫師時代的同類產品。

　　在生產這種經過認證的生牛奶時，牛隻會整天站在牛舍裡，大啖供應充足的乾秣草及有助產乳的添加物。每天統一使用盤尼西林也是現代運作方式的一部分。這些乳牛不再享有漫遊在牧場上食用新鮮青草的權利，牠們只能到外面的一小塊荒蕪土地上散步一到兩小時，這就是牠們的日常運動了。這種典型工廠運作方式的目的在於獲得最高的牛奶產量，與具備完整

價值的牛奶是南轅北轍的。酪農為了大量生產，會挑選乳房異常巨大的乳牛。而所謂的「低劣」乳牛，由於乳房較小、乳汁分泌也較少，代謝負擔也當然較少，因此反而可生產出健康價值較高的牛奶。

我們暫且先不用脂肪含量這種牛奶產業中行之有年的規則來作為品質的評斷標準。漠視一些健康的無形因素，對任何關心人類健康的人而言都是不可原諒的。我們唯有在比較波特醫師與希波克拉底（Hippocrates）時代的前輩所提及的生乳對健康的效益時，才可能察覺這些無形因素的全部影響，以及巴斯德殺菌牛奶的問題。沒有人會期望能藉由完全以巴斯德殺菌乳為食而獲得健康效益。這種飲食無法獲得醫界的認同，也不具治療價值。將牛奶當作治療物質的醫療熱忱由於巴斯德殺菌法的出現及其對牛奶酵素的趕盡殺絕，不得不嘎然而止。從研究將牛奶當成食物及藥物的漫長歷史中，一個重要的結論浮現了。當我們將酵素從牛奶中取走，牛奶即喪失了原有的健康價值以及大部分療效。

一項有關食療歷史的關鍵性研究迫使我們作出一個結論——食物的功效來自於其擁有大自然賦予的所有營養要素。假如食物失去某一物質，如維生素、礦物質或酵素，這種食物即變成一種有瑕疵的「負分」食物，也無法實現完整食物的生物功能，進而維持一種優良的健康秩序，更遑論治療疾病了。生牛奶成為一種慢性疾病治療法的地位是經過數百年才贏得的，卻因為巴斯德殺

菌奶的出現而毀於一旦。

　　所謂牛奶療法是在短期內全面以大量的生乳為食，這種方式曾被卡里克（Karrick）、卡雷爾（Karel）、范・尼邁耶（F. von Niemeyer）、溫特尼茲（Winternitz）、波特及Bremer等醫師用來治療許多慢性病。丹肯（Donkin）醫師及泰森（Tyson）醫師於一八六八年時還倡導糖尿病患者每天應飲用七點七公升的生牛奶。當時距發現胰島素的年代大約還有六十年。

　　生乳及其製品在歐洲、蘇俄及巴爾幹半島等地長久以來都被當成食物使用。這些地區的人使用大量的乳製品，但心臟及血管疾病卻不多見。昔日的丹麥人即食用大量的生奶油。根據俄國動物學家、微生物學家梅契尼科夫（Metchnikoff）的說法，許多保加利亞的農夫因為在生活中大量食用生牛奶及乳製品而活了一世紀之久。這些人為何不會遭到膽固醇的蹂躪？生牛奶及生奶油中是否含有某種特殊物質，因此能讓膽固醇乖乖聽話？生奶油似乎是一種極不尋常的脂肪。看來我現在必須說明生乳及生奶油所含酵素的優點，以及其與心血管疾病等疾病之間的關係。由於我們不能指望現今市面上販賣的牛奶與果汁能治療任何疾病，因此只能將過去相同產品被指稱的效果歸功於食物酵素，而現代產品所造成的不良影響可能要歸因於缺乏食物酵素，食物中的維生素與礦物質實際上都維持不變。假如有人認為食物酵素對活的有機體毫無價值，也只不過是我們必須克服的眾多障礙之一。

◉ 生乳酵素可紓緩牛皮癬

五十多年前，有一位維吉尼亞州的醫師格拉布（A. B. Grubb）指示他的病患以食用大量奶油的方式來治療牛皮癬（一種皮膚病）。但根據現代的醫療方式，如要治療牛皮癬，必須減少脂肪的攝取。格拉布醫師的奶油飲食在某方面顯然與現今的脂肪有所不同。

現代的醫師都認為，牛皮癬病患的脂肪利用功能有缺陷。第一次世界大戰期間，歐洲當地的飲食缺乏脂肪與油脂，因此牛皮癬變得極為少見。由於在格拉布的研究報告中並未指明是否使用生奶油，於是我在一九三六年十一月二日寫了一封信給他，詢問當時是否使用生奶油、建議量及出現明顯效果所需的時間。格拉布醫師在回信中指出，他鼓勵那些病患每週攝取兩磅（約一公斤）奶油，而且所有病例使用的都是生奶油。病患會持續這種奶油飲食法六週，期滿時，牛皮癬已有一定程度的改善，因此可讓病患依據自己的需求減少奶油的攝取量。格拉布醫師認為，生奶油有助軟化皮膚，但對於實際達成的效果也感到意外。他未將這種成效歸諸於任何理論。

我們都知道，脂肪酶是牛奶中的主要酵素，因此可預期生奶油中也將含有相當多的脂肪酶。由於曾有幾位皮膚科醫師認為胰酶（由胰臟分泌的酵素，包含脂肪酶）可幫助治療牛皮癬，因此要說格拉布醫師從生奶油獲得的良好成效可歸因於攝取了大量完整、未經提煉的脂肪酶，也不會令人難以置信。文

獻上也指明，酵素如果連同其天然基質一起被攝取，在消化道中可發揮更好的功效，而且在接觸到消化道中可能存在的危害物時，也不會像胰酶一樣容易受到破壞。假若在胰臟分泌正常的情況下，生奶油的脂肪酶或胰酶中的脂肪酶，或其他外源酵素將可發揮功效，則在消化遲緩期間，胃底部應該會發生消化作用。經驗顯示，腸溶劑型酵素對治療牛皮癬並無效果。

酵素不足所引發的疾病

有些醫師曾提過，深受牛皮癬之苦的病患使用酵素時能產生良好的成效。脂肪酶即是酵素配方中被特別強調的成分。生奶油中也可發現脂肪酶。獲得最佳成效的醫師特別強調必須連續多月大量使用。路易斯安那州紐奧良的皮膚科醫師埃爾森（L. N. Elson）於一九三五年提到以下牛皮癬的治療經驗：「牛皮癬屬於一種酵素不足的疾病。使用大量胰臟萃取液便可治癒。」每天三次在吃飯時服用一茶匙的胰臟酵素粉，這是一般劑量的三倍，也是布達佩斯匈牙利國家鐵路醫院的塞萊（J. Sellei）醫師於一九三七年所建議的量，他相信許多皮膚病都是由於胃、十二指腸、胰臟或是肝臟中的酵素混亂所引發。他的治療方式包括每天服用約一百二十至一百五十公克的生胰臟及等量的生肝臟，可將這些食物剁碎之後與果汁或湯混合，然後生吃。他也建議每天在吃飯前服用八至十顆胰酶錠（非腸溶錠）

及四、五顆的肝臟錠。塞萊醫師強調這些方法必須持續好幾個月，否則無法獲得令人滿意的成效。病患在使用大量的濃縮酵素時，必須由一名有經驗的醫師密切監控。

● 酵素錠如何發揮作用

一九五七年，有兩位皮膚科醫師法伯（E. M. Farber）及許奈德曼（H. M. Schneidman）安排三十六位牛皮癬病患每天服用三至九片胰酶錠，時間持續六至十八週。他們報告成效並不理想，並送了一分問卷給數位皮膚科醫師，結果收到二十八位曾經使用酵素治療牛皮癬的醫師的回覆。其中二十四位指出並未獲得改善，有四位則回答改善極有限。近年來，腸溶錠的使用很普遍，但以往使用的酵素都是粉狀或只包覆一般外膜。腸溶錠在胃的酸性環境中不會溶解，只有在腸內的鹼液中才會發揮作用，因而得名。當食物及藥錠到達腸道，胰臟就會對其釋出鹼性酵素液。等到這些腸溶錠溶解並準備發揮作用時，卻可能不被需要了。除非在分泌不足的少數情況下，不然胰液的酵素通常會迅速分解所有食物。

只有胰臟罷工時，腸溶錠才會優於普通酵素，並能發揮功效。否則，在胃底部積極作用的酵素還是較受青睞，因為它們在胃酸變得過強之前即會發揮作用。證據顯示，高純度的酵素對胃酸的抵抗力會比受到自身食物基質保護的食物酵素差。這也許是部分醫師能獲得成效而其他醫師卻不能的原因。

癥結也可能在於所使用的酵素種類，像生奶油中的脂肪酶及胰臟分泌的脂肪酶等天然酵素，就能在非腺體的胃底部發揮作用，並受到較好的保護，得以免受胃腸中不友善元素的侵害。

 ## 食物與腺體的大小

　　過去認為，除了脂肪與碳水化合物所產生的熱與能量，以及蛋白質的組織修復功能外，食物沒有其他功效。現在我們已經了解，食物可改變包括腺體在內的器官與組織，使其變好或惡化。事實上，食物可改變重要腺體（腦下垂體、睪丸、卵巢、胰臟、腎上腺、甲狀腺）的大小與重量，而過去幾年所進行的多項嚴謹實驗也一再證實這點。明尼蘇達大學的傑克森教授與其同僚餵白老鼠吃含有80%糖分（不含酵素）的食物，結果在所有主要器官及腺體的大小與重量方面都發現顯著差異。由於腦下垂體受到雙重保護，使其免於受到實質傷害，因此被推測其在大自然計畫下具有極大的重要性，第一層保護是堅硬的頭蓋骨，接著則是將其埋在腦部深處。由於腦下垂體就像身體調節器一樣重要，因此食物對此腺體大小與功能的影響力特別受到關注。腦下垂體曾被譽為是身體的「腺體主宰」，因為它能控制與協調其他內分泌腺。腦下垂體的控制能力與其大小不成比例。

◉ 葡萄糖對腦下垂體與胰腺的不良影響

芝加哥大學的雅各布（H. R. Jacobs）博士與科威爾（A. R. Colwell）博士對二十隻狗持續進行葡萄糖的靜脈注射，直到所有的狗死亡為止（約一至七天）。在狗死亡後檢驗其器官，結果在胰腺及腦下垂體前葉發現特殊的嚴重出血及損傷現象，而除肝臟增大許多外，其他器官都相當正常。這幾位醫師在一九三六年發表的報告中分析此研究結果，他們認為，葡萄糖會對代謝過程造成極大的負擔。我們也許可補充說明，這種結果也暗示每個人每天所攝取的一百五十公克精製糖可能會造成腺體傷害。或許我們尚未聽到更多有關葡萄糖對人體的傷害的唯一理由是，人們較少把這種物質當作食物。但當葡萄糖被各種研究計畫當成碳水化合物來源而拿來餵動物，即會導致動物的生理變化。實驗結果顯示，葡萄糖會刺激身體不需要的酵素。

德國病理學家薛恩曼（A. Schonemann）博士檢驗了一百一十一位人類的腦下垂體。在他於一八九二年發表的報告中，他提供了以下在因各種疾病死亡的人及老年人身上發現的腺體異常比例（以腺體重量判斷正常與否）。

剛出生就死亡的嬰兒腺體異常比例有27%，證明母親的飲食對其未出世的孩子影響極為深遠。

明尼蘇達大學解剖學系的拉斯穆森（A. T. Rasmussen）醫師於一九二四年引用康堤（Comte）醫師在一八九八年的發現，後者檢驗三十九個取自二十一至七十歲的人身上的腦下垂體。

表 6.1
異常的腦下垂體與年齡

年齡	異常比例（％）
新生兒	27
1歲至20歲	50
20歲至40歲	71
40歲至60歲	90
60歲以上	100

他和薛恩曼都認為腦下垂體的異常現象會隨著年齡增長而增加，五十歲之後的人腦下垂體沒有一個是正常的。拉斯穆森在一篇有關人類腦下垂體的正常與病理解剖結果的論文中，還引用了庫茲菲德（H. Creutzfeld）於一九○九年針對一百一十個病例的檢查報告。他推測，腺體會一直增大至三十歲，在五十歲之後重量則會開始減輕。一九六五年對成年男性的解剖研究中所取得的資料顯示，年齡對腦下垂體的相對重量並無特別明顯的影響。然而，根據芬奇（Finch）及海佛烈克（Hayflick）在一九七七年出版的《老化生物學手冊》（*Handbook of the Biology of Aging*）指出，人類腦下垂體在成年老化期間的細微變化包括新生血管減少、結締組織增加以及細胞種類的分布改變。

所有或幾乎六十歲以上的人腦下垂體可能都有異常的發現應該給了我們當頭棒喝，讓我們對於不能從大自然竊取及逃避的生物法則有了深刻體悟。大自然是一位無情的會計師，她記下的每一筆帳都深深刻在身體組織的原生質上，永遠無法抹滅。

經高溫處理、不含酵素的精製食物會使腦下垂體的大小與外觀產生最嚴重的異常發展。當動物被餵食酵素含量極低的食物，其腦下垂體的損害就跟以食物酵素含量極低的食物維生的人類身上所發現的情況雷同，這項發現已經過動物組織檢驗結果證實。以手術切除部分腺體而導致血中酵素含量顯著改變時，即可看出內分泌腺與酵素之間密切相關。當內分泌平衡由於注射腺體萃取液而受到干擾，也會發生類似變化，這揭露了酵素與內分泌腺之間敏感的相互依賴關係。荷爾蒙會影響酵素的活性，而酵素在荷爾蒙的形成過程中又是必需的。這些事實在許多獨立的科學工作者進行了大量研究之後才被發掘，並傳遞出一個非常重要的訊息。

◉ 腺體影響肥胖

過於活躍或不夠活躍的腺體都可能影響體重的觀點並不是最近才出現的。有一項不如以往那麼受歡迎的減重方法即是使用甲狀腺素，這是一種以動物甲狀腺萃取物製成的藥錠。病患為減重而吃了醫師開立的口服甲狀腺素後，會出現心悸的症狀，可憐的病患會減去體重，但神經系統則會變得極為亢奮，眼球也會凸出。在這種情況下，脂肪會燃燒。假如一次使用過高的劑量，或服用這種藥物過久，病患可能會發展出我們熟知的神經質或焦慮等症狀。

然而就我所知，從未有人提出過有關個人能夠影響自己過

度活躍的腺體的概念。渴望能甩掉多餘體重的人可如此進行，也能加以避免。減重者必須做的第一件事就是建立一個觀念——某些食物會刺激及激發控制肥胖的腺體。假使你停止抽打一隻飛馳的馬，馬的速度就會慢下來。假使你停止刺激腺體，它們的作用就會變得較緩慢，並開始減去多餘的體重。根據雅各布博士與科威爾博士的研究，腦下垂體及胰腺會因上述作用而受到刺激，它們多餘的分泌物會對其他內分泌腺造成異常影響，因此產生疾病。假如你可以為了減重而不擇手段，卻無法忍受必須面對大量學術名詞，以下有關生食熱量與熟食熱量的討論也許正是你所需要的。攝取的熱量**種類**和**分量**一樣重要。

 ## 減重的祕密

常用的熱量計算表並未區別生食熱量與熟食熱量。就我看來，這是一種極為嚴重的疏失。我在科學文獻上也找不到有人曾經明確指出，與熱量相等的熟食相比，生食本身並不易致胖，以及熟食會過度刺激內分泌系統的概念。部分評論家對此會立即辯稱那是因為生食較難吸收的緣故，這也許完全正確。或者我們換個角度來看，也就是我們吸收了過多會致胖的熟食。假如足夠的生食讓我們達到正常體重，可視為食物的理想功能，那麼如果等量的熟食會導致過重，則熟食熱量必須對此怪異的結果提出說明。請記住眾多生物數百萬年以來一直都依

靠生食而茁壯成長，卻未因此變胖，這其實是很有道理的。生食熱量相對來說較不會刺激腺體，也較能使體重維持穩定；熟食熱量則會刺激腺體，並較容易致胖。

在此，我指的並不是類似一盤煮過的菠菜這種食物，因為這類食物本身含的熱量原本就不高。但一片麵包或一顆煮過的馬鈴薯就會刺激腺體，並且會積少成多，漸漸在我們身上增加好幾公斤的體重。且讓我們從動物身上學習：那些設法從農場動物身上榨取最大獲利的從業人員發現，餵豬吃生馬鈴薯並不符合經濟效益，因為這些豬長得不夠肥，但烹煮過的馬鈴薯卻可生產出肥胖的豬，進而讓飼養者獲利，儘管這種做法會因烹煮產生勞力與燃料等額外開銷！

◉ 生食熱量與熟食熱量的比較

以一般原則而言，我們可以說生馬鈴薯不像煮過的同一顆馬鈴薯容易致胖；生香蕉也不像烤過的香蕉容易使人肥胖；生蘋果也同樣不像烤過的蘋果那樣會讓人發胖；滿滿一匙的生蜂蜜不會像同熱量的白糖那麼會致胖。六十公克的生胡桃比同重量的烤胡桃不易使人肥胖。一杯生（剛榨好）果汁應該會比一杯市售果汁較不易使人增加體重。

目前並沒有直接的實驗證據可佐證這類與生食及熟食熱量的說法，但卻有大量來自全世界多間研究實驗室的相關事實。將這些事實整合起來，即可支持這種原理。四十多年來，我一

直都積極地參與實驗室研究，搜集、發表從這些來源取得的數據，並設法進行評估，這些資料即構成本書原稿的內容。實驗室大鼠及小鼠被用於多種類型的研究，許多情況下，觀察期間也許只有幾週，也可能有二或三個月。在這段期間，這些動物都被餵食「符合科學規定」而製造出的標準飼料，但也無跡象顯示，這類飲食在預防肥胖或疾病上就不具效益。有些（但不多）研究須要對食用這種飼料一或兩年的動物進行長期觀察，而在這段期間，肥胖和疾病即會現身。這類飼料也許可視為等同於一般人類的飲食，儘管其中不含任何生食，卻比許多人吃的食物含有更多維生素與礦物質。因此，假若這類飼料會令實驗動物發胖及罹患多種疾病，我們即可預期，相同類型的食物可能在人的身上也會產生同樣的後果。

喬治·華盛頓大學的羅森塔爾（S. M. Rosenthal）博士與齊格勒（E. E. Ziegler）博士於一九二九年以正常人及糖尿病患者為對象進行了一些極有趣的實驗。這些受測者先吃下將近六十公克的生澱粉，接著接受血糖值測試。我們都知道，糖尿病患者除非先注射過胰島素，否則吃烹調過的澱粉會造成他們的血糖值突然飆升。這項研究計畫中的糖尿病患者並沒有使用胰島素，在吃下生澱粉之後也沒有，但他們的血糖在剛開始的半小時卻只增加了六毫克，一小時之後則減少了九毫克，在兩個半小時之後更減少了十四毫克。部分糖尿病患者的血糖甚至減少了三十五毫克之多。正常受測者的血糖則會先小幅減少，接著

在一小時內再微幅增加。這種研究結果對生食熱量及熟食熱量之間的差異提出了一項有力的證據。

生脂肪不會致胖

半公斤重的生牛排可能只會為組織增加蛋白質，而不會增加脂肪。相反地，烹調過的等重牛排卻可能會使食用者增添一點多餘脂肪。包括原始、與世隔絕的愛斯基摩人在內的許多人，都將生肉當成飲食的一部分。內布拉斯加州歐瑪市的李維（V. E. Levine）醫師在三趟北極旅程中檢查過三千位原始愛斯基摩人，卻只發現一個人的體重過重，但這些愛斯基摩人食用的脂肪量極為驚人。根據傳統觀點，我們實在很難不作出一個結論——生食不會致胖。愛斯基摩人食用的生鯨脂及其他脂肪以及過去全美普遍使用的生奶油並不會促進脂肪增加。以營養觀點而言，生脂肪顯然應該被歸入一塊獨特的領域。此外，對原始愛斯基摩人所進行的醫學報告也強調，這些大量食用生動物脂肪的人並未出現高血壓或動脈硬化的症狀。所有的生脂肪都含有脂肪酶，在思索一種完美的飲食方式時不應該忽略這點。目前在廚房裡使用的脂肪中卻都缺乏這種酵素。

好熱量與壞熱量

酪梨是極為幸運的水果，被賦予了許多好熱量。你曾聽過有人因為吃這種水果而變胖的嗎？那同樣含有大量生食熱量的

香蕉呢？如果有人因為吃香蕉而變胖，應該是特殊情況。所有高熱量的生食都必定會讓纖瘦的人變得豐滿，但這些食物知道在哪裡增胖、何時應該停止。它們不會在我們身上覆蓋一層又一層的重量，使我們的外表變得醜陋不堪，或是阻塞我們纖細的心臟動脈。發明用香蕉飲食法來減重的醫師喬治‧哈羅普（George Harrop）讓有體重過重問題的病患進行牛奶與香蕉的飲食法，並於一九三四年在《美國醫學會期刊》（*Journal of the American Medical Association*）上發表了他的研究成果。他的研究成果應該消弭了「香蕉的熱量很高因此會致胖」這類的想法。如果以所含的熱量來評斷香蕉、酪梨、蘋果或是橘子，就跟以一位美麗女子的打扮來評斷其道德水準一樣，都容易導致誤解。生食熱量與熟食熱量之間是有差異的。

其他與減重有關的事實

　　加拿大西安大略大學的科學家對提振腦部與抑制食欲的方式進行了一些研究。他們將電極植入三十三隻老鼠的下視丘。這些研究人員利用一個極弱的電流來刺激下視丘，即可隨心所欲地提高或減少這些老鼠的進食量。有一個理論認為，肥胖者的下視丘會遭到某種在血液中流竄並找機會搞破壞的化學物質持續攻擊。這些刺激物被懷疑是由一般人常吃的高度精製碳水化合物所產生的，這篇研究報告由莫根森（G. L. Mogenson）、

任蒂爾（C. G. Gentil）與史蒂文森（A. F. Stevenson）於一九七一年完成。

　　哥倫比亞大學的醫師柏格（B. N. Berg）希望了解吃下的食物量對健康是否會造成任何影響。他於一九六〇年發表其研究成果，為了測試這個想法，他使用了三百三十九隻老鼠。其中有一部分被允許吃下所有想吃的食物，但其他則只被提供計算過的食物量。等到這些老鼠長到八百天大時，飲食受限制的老鼠比飲食未受限制的老鼠體重輕了約40%。被限制飲食的老鼠毛皮滑順、乾淨、纖細，牙齒沒有異常，而且顯得很活潑、很好動，並且會立刻將食物吃光，其解剖結果也顯示體內極少有脂肪囤積的跡象，甚至完全沒有。與這批飲食受限制的老鼠毛色光亮的外觀相比，未受飲食限制的老鼠情況則完全相反，牠們的皮毛粗糙而骯髒，門牙顯得細長，而且經常斷裂；牠們變得極懶散，大部分時間都在睡覺；會拿取食物顆粒，但卻不會吃掉，而是將其貯存起來；解剖後的檢驗結果也顯示其體內有大量脂肪堆積，這也是兩組老鼠體重不同的主要原因。雌性動物如果吃得較少，繁殖力會較佳。上述所有動物都被餵食一般的家畜飼料，這也是一種經加工、加熱處理製成的飼料顆粒，其中也適當地補充了市售的維生素與礦物質。假如在這類實驗中使用生食當飼料，這些動物是否還會出現同樣的反應？根據我的資料顯示，由於未曾有人試過，因此不得而知。然而，野生動物卻由於可盡情吃各種天然生食而維持良好的體能。

解剖學家已經知道，隨著年輕有機體成長，胰臟、腎臟、心臟、腦部等器官的重量占體重的比例會愈來愈小。但脂肪堆積的現象則完全相反（起碼吃加熱處理過的食物的動物會出現這種情況）。隨著動物漸趨成熟，脂肪占體重的比例會愈來愈大，表6.2即顯示這種現象，表中有關老鼠的數字摘自倫敦列斯特學院（Lister Institute）的科倫切夫斯基（V. Korenchevsky）於一九四二年發表在《病理學與細菌學期刊》（*The Journal of Pathology and Bacteriology*）上的報告，有關鵝的數字則摘自新墨西哥州立大學的羅拔臣（R. H. Roberson）與弗朗西斯（D. W. Francis）於一九六五年發表在《家禽科學》（*Poultry Science*）上的報告。此處腹部脂肪的重量以占體重的百分比來表示。

在這段時間，鵝的體重約增加三、四倍，而腹部脂肪則增加十倍以上。在老鼠實驗中，從二十五天大成長至四百五十天大時，體重會從六十三公克增加到五百三十六公克（八倍），而腹部脂肪則會從零點五五四公克增加到四十二點九公克（七十五倍）。貯存的脂肪是大自然賦予的裝備，萬一發生長期無法取得食物的情況時即可藉此保護自己免於飢餓。對野生生物而言，這種機制可讓牠們在不利的環境下維持生命。但在西方世界，這種熱量嚴重匱乏的情況已很少發生在人類身上。冰箱及儲藏室已經接管了貯存食物的工作，人類已沒有必要再將儲備熱量貯存在皮膚下隨身攜帶。

哈佛大學醫學院的醫師發現使老鼠變胖的方法。這項實驗

表 6.2
不同年齡的體重與腹部脂肪量

509隻正常老鼠的平均數據			45隻白色中國種公鵝的平均數據		
年齡（天）	體重（克）	腹部脂肪%	年齡（週）	體重（克）	腹部脂肪%
25	63	0.88	4	1480	0.98
35	97	1.36	8	2968	1.92
45	174	2.80	10	3272	1.87
55	210	3.78	12	4193	2.21
65	256	4.87	14	4630	2.49
85	297	6.70	16	5042	3.22
113	311	6.54	18	4642	3.71
175	441	8.20	20	4315	3.55
350	523	9.82	22	4900	3.73
450	536	8.00			

採用三組老鼠。第一組被注射硫金葡萄糖來使其增胖，這種化學物質會對腦部特定部位造成損害。第二組老鼠則被以手術的方式在同一部位製造損害。第三組老鼠則遺傳了易胖體質。在這些老鼠體內祕密進行的作用比在一間正在召開黨工幹部會議、充滿煙硝味房間中會發生的場面還要糟糕。老鼠的體重會加倍，肝臟更變成某些動物的兩倍重，心臟也擴大了，而腎臟及胰臟也稍微變大。在所有變胖的老鼠體內，唯一變小的部位是腦部，而有部分老鼠則是性器官變小。這些研究調查是由馬歇爾、安德魯斯及梅厄所完成，並於一九五七年發表。

◉ 為什麼有些人不容易減輕體重？

　　杜蘭大學（Tulane University）醫學系的伯奇（G. E. Burch）醫師對於肥胖的發生有一個新的見解。這篇報告於一九七一年被發表在《美國心臟期刊》（*American Heart Journal*）。這種創新的想法有助於讓體重過重的人了解他們想甩掉幾公斤如此困難的原因。了解這種作用的機制後就能下定新的決心，進而做出決定節食。伯奇醫師已經證明，假如動物在出生後被過度餵食，牠們的肥胖細胞就會比正常情形增加得更快。一旦長成，而細胞增殖的情形也停止了，之後肥胖細胞的數目便會維持不變。貪吃的嬰兒長大成大人後，體重會多出正常食量者的三倍以上！假如一個肥胖細胞數目正常的人毫無節制地吃喝，使自己的肥胖細胞中填滿脂肪，結果只會變成圓滾滾的身材；但一個有三倍肥胖細胞的人如果吃下相同分量的食物，則會有三倍的空間可以貯存脂肪，假如每個細胞都被填滿，自然就會變肥胖，這樣的人在吃飯時必須發揮三倍的警覺心，才能使體內的肥胖細胞維持三分之一飽滿，並保持差強人意的豐滿體態。謹記以下原則絕對有幫助——我們可以盡情吃喝生食卻不太會產生多餘體重，但前提是必須以生食代替其他食物，而不是除了其他食物外又吃生食。

◉ 少吃零嘴的好處

　　吃零嘴及經常進食與限制餵食時間為每天兩小時會對體重

及壽命造成什麼影響？這項結果因兩項獨立完成的老鼠實驗而變得更明朗。有兩組不同的研究人員參與了這項實驗，分別是伊利諾大學的萊維爾（G. A. Leveille，一九七二年）以及德國波斯坦厄納倫學院（Institute Ernahrung）的波絲（G. Pose）、法布里（P. Fabry）與凱茨（H. A. Ketz），後者的研究報告在一九六八年發表於《營養摘要評論》（*Nutritional Abstracts and Reviews*）。兩組研究人員都發現，每天只被餵食一次的老鼠體重較輕，胰臟及肥胖細胞內的酵素活性卻較高。萊納爾也發現，被控制食量的老鼠壽命多了17%。

上述美國與德國的研究已經證明，動物如果每天只吃一餐，其胰臟及其他組織內的酵素會比整天可隨意進食的動物更多。但我們千萬不可忘記，這些實驗結果全都是從使用 100%加熱處理、不含酵素的實驗室飲食取得的。以生食進行的這類實驗就像母雞牙齒一樣罕見。不過，加熱處理過的食物確實可對體內的酵素分泌發揮強大的刺激作用。假如每天只製造一次酵素，就不會出現像每天進食五或十次時所必須產生的酵素量，也就不會耗用那麼多的酵素了。也許這就是每天只吃一次的動物在進食後組織會出現更多酵素，以及牠們壽命較長（六百八十八天相對於五百八十七天）的原因。科學尚無法得知，假如人類的組織從未遭受非自然食物中化學物質的傷害，可能可以活多久，說不定人生八十才開始呢！

◉ 組織酵素逐漸消失

　　萊維爾也發現，組織中的酵素活性會隨著老鼠變老而日漸衰弱，因此，十八個月大的老鼠（對於以現代不含酵素的加工食物維生的老鼠而言，十八週已屬高齡）體內的酵素就比年輕老鼠的要衰弱許多。舉例來說，他將一個月大的老鼠體內某種組織酵素的活性以一千零四十個單位來表示，則在十八個月大的老鼠體內，這個值就縮減至一百八十四個單位。這種情形和證明昆蟲、動物及人類組織與體液中的酵素活性會隨老化而降低的舊有科學數據一致。我曾出版的著作《消化及代謝時食物酵素的變化》（*The Status of Food Enzymes in Digestion and Metabolism*）中也針對這方面介紹了一些較古老的實驗。這本書後來以《有助健康與長壽的食物酵素》（*Food Enzymes for Health and Longevity*）為題重新出版。

　　以下說法可視為一種作用規則——酵素潛能是有限的並且會隨著時間流逝而變得衰弱。年輕人愈是揮霍其體內酵素，就愈快發生酵素枯竭或老化的狀況。在進行酵素含量的檢測中，只檢測部分消化分泌物是不夠的，雖然在生命較後期時，這些分泌物中出現的酵素活性也會較低，但更重要的是，細胞內或組織的酵素狀態。

◉ 在睡眠中減重

　　動物都知道減重的祕密，牠們只要睡覺就能辦到了。就這

麼簡單，完全不須費力運動。有些生物在睡眠中就能減重，這種情形被稱為「冬眠」——動物的冬日睡眠。其實還有另一種被稱為「夏眠」的夏日睡眠。在冬天睡覺的動物會在冬天來臨前先將自己養胖，接著牠們就會蜷縮在一個隱密的地點，就這麼度過好幾個月。在這段期間，這些睡著的動物體內唯一未休息的就是負責燃燒脂肪的酵素，它們會繼續忙著分解囤積的脂肪，以便讓體溫維持在比冰點稍微高一點的溫度。脂肪被燃燒的量會剛好足夠維持微弱的心臟跳動以及緩慢的呼吸，因此幾乎難以察覺。當春天的溫暖喚醒了這些曾經肥胖的冬眠動物，牠們體內多餘的脂肪已經消失了。小型動物可能只會減少幾十公克的體重，但熊這類動物可能會減去多達二十多公斤的脂肪。這些動物吃生食，因此不用擔心有酵素不足的問題，這也是牠們減輕體重的關鍵。

　　但必須注意的是，有些極度過重的人體內可能缺少某些酵素。塔夫斯大學（Tufts University）醫學院的大衛‧高爾頓（David Galton）醫師於一九六六年針對十一位體重過重的人（體重介於一百二十六至一百九十四公斤之間，平均體重為一百五十三公斤）檢測了腹部的脂肪，結果發現，他們體內囤積的脂肪中有酵素不足的現象，這些肥胖者體內不足的酵素為脂肪酶。我們可以說，脂肪酶在某方面與脂肪的代謝有關，肥胖及異常的膽固醇囤積都可能破壞脂肪性食物中的天然脂肪酶，造成我們未能在胃的上半部（食物酵素胃）進行脂肪的預消化。

酵素飲食法的食物

　　如果有人希望補充熟食中流失的酵素，此時就很適合考慮如何平衡飲食中熟食與生食的比重。沙拉及水果類等生鮮蔬果是大多數人所採用的生食，儘管這些低熱量的食物中確實含有一些酵素，這類食物較大的效益還是來自其中所含的維生素與礦物質。而高熱量的食物不僅含有三種消化酵素，還有其他許多酵素，但不幸的是，人們通常會將這些食物煮過後才吃，酵素也因此流失了。

　　在吃肉類、馬鈴薯及麵包時，許多人都會再加入一盤蔬菜沙拉，這種方式無法提供足夠的食物酵素，不過還是不無小補。肉類、馬鈴薯及麵包之類的高熱量食物在未烹調前也都含有極高的酵素價值，當這些食物被端上桌供人食用，酵素卻已經不見了，而生菜沙拉並無法補足所需的酵素，生菜能提供豐富的礦物質及維生素，但酵素含量並不足。

　　有些熱量與酵素含量豐富的食物在生食時極為美味，有些則不然。前者包括香蕉、酪梨、葡萄、芒果、樹上摘下的橄欖、新鮮生棗、新鮮的生無花果、生蜂蜜、生奶油及未經過巴斯德殺菌法處理的牛奶、發芽過而不含抑制劑的生穀粒與種子，以及發芽過、不含抑制劑的生核果。假如商店能販售這種未加工的生食，我們便可經由這類食品攝取高品質的蛋白質、脂肪及碳水化合物，如果再補充生菜沙拉，就能滿足營養需求。

我在前面曾經提過，包含75%生食熱量與25%熟食熱量的飲食方式相對於大多數人所採行的不含酵素飲食，可說是大幅的進步。以上我提到的食物都含有適當的食物酵素與熱量，可和其他生菜沙拉、結球甘藍、蔬菜及熟食一起搭配食用，並能提供完整的營養需求。

食物酵素補充品

在之前的內容中，我曾經提過酵素補充品，現在就來探討這方面的主題。第一種被醫師使用的酵素補充品是胃蛋白酶，是從豬胃提煉而成的，這種物質過去被提供給蛋白質分解功能受損的病患使用，它必須在高酸性的環境下才能作用，而且不會對脂肪及碳水化合物造成影響。另一種酵素補充品則是由屠宰動物的胰臟提煉而成，其中的酵素能分解蛋白質、脂肪及碳水化合物。胰臟萃取物的缺點是，其中的酵素必須在中性或微鹼性的環境下才能發揮最佳功效，這種酵素來自於鹼性的十二指腸。由於胃中含有鹽酸，因此胃液的酸性極高，所以胃蛋白酶在胃中是如魚得水。正常分泌的胰臟酵素則會流入鹼性的腸道中，而且在酸性環境中也不會作用。

為了使胰臟萃取物適合口服使用，因此會將其製成藥片，並以所謂的腸溶膜衣包覆，以預防藥片在酸性的胃中溶解。但當這些藥片到達腸子，腸道中的鹼性液體即會溶解外膜並使其

中的酵素釋出。這些胰臟藥片的功能是在胰臟未能製造這些酵素時用來促進食物的分解，但胰臟分泌過少的現象極罕見。如同我先前指出的，胰臟和其他分泌消化酵素的器官會由於我們未能將食物酵素送入胃中來預消化食物而製造過多酵素。因為胰臟藥片無法發揮預消化的功能，因此我們對這類藥片的需求也因此不多。

我第一次對食物酵素有初步的認識是在一九三二年。當時胰臟萃取物經常以粉狀的型態被使用。但我很快就了解，我們真正需要的是可在微酸環境中進行分解的酵素萃取物。這種物質可在胃酸變得過強之前，在胃的上半部先對食物進行預消化。肉類與植物中的許多食物酵素即可在這種微酸環境中發揮作用，但提煉這類食物酵素的成本過高。某些產業也需要可在微酸環境中進行分解的酵素，譬如協助進行退漿的紡織品去除澱粉漿，以及從皮革上分離出蛋白質碎片。中國人及日本人最早發現真菌可生產許多酸性酵素，而且可從中提煉出各種酵素的萃取物。我配製了一種包含三種主要酵素（蛋白酶、澱粉酶及脂肪酶）的複合體，可分別分解蛋白質、澱粉及脂肪。

幾千年來，中國及其他東方國家一直利用真菌來調理許多食品，其中有許多是由大豆製成的。一種**麴菌**屬的真菌可提供製造美味且容易消化的大豆製品所需的酵素。日本人也善於利用**米麴菌**及其他可提供分解蛋白質、碳水化合物及脂肪所需之酵素的健康真菌來製造酵素，在這方面可說是遙遙領先美國。

酵母及蘑菇都是真菌。麴菌的種類有數百種，有一些會產生黃麴毒素而有害健康，有經驗的人只會利用有益健康的種類。

　　為取得所需的酵素，人們會在已添加多種礦物質的麥麩或大豆等食材上培養有益健康的特定米麴菌。由各種食物基質構成的培養基可產出多種人類需要的酵素，如澱粉酶、蛋白酶及脂肪酶等。將這些酵素的萃取物乾燥並製成粉狀後，再將其包裝成膠囊。麴菌酵素對於胃的預消化作用尤其珍貴，因為這種酵素在微酸環境中可發揮最佳的分解作用，反觀胰臟與唾液酵素則必須在中性及鹼性環境下才會進行分解。麴菌酵素補充品及食物酵素都必須在微酸環境才能發揮作用，而在食物被吃下後半小時至一小時，胃的環境就剛好符合這個條件。

　　為了達到最有效的預消化，各位應該在吃飯的同時服用酵素膠囊。假如你等到飯後才吃，你就延遲了酵素的活動。由於我希望能及時展開消化程序，因此我都在吃飯時嚼一顆酵素膠囊。當咀嚼生食，其中的酵素就會被釋放出來，並迅速展開分解作用，此時甚至連食物都還沒被吞下呢。當酵素膠囊跟著食物一起被咀嚼，即會產生同樣的效果。有些人可能會覺得酵素粉的味道有點令人作嘔，但假如直接吞下去而不嚼碎膠囊，膠囊就需要一些時間才能溶解及釋放其中的酵素。有些人會打開膠囊並將酵素粉撒在食物上。假如是膜衣酵素錠，或是含有膽汁的酵素膠囊，就千萬不要咀嚼，因為這類藥品味道很苦。膜衣錠並非用來在胃中進行預消化，假如你買這類藥片是為了預

消化，那就是在浪費錢，因為這類藥片在食物酵素胃中並不會溶解，要等過了一段時間到達小腸之後才會。

酵素療法

我們可以自行用濃縮的酵素補充品來治療疾病嗎？一般而言是不可以的，這種療法需要專業的知識與經驗。治療已確立的疾病通常需要大量或頻繁的劑量才能成功，而且絕對只能由醫師來進行。更何況，假如是需要酵素療法全部潛能的末期嚴重疾病，也必須在醫院或其他有足夠醫護設施的機構中才能執行適當的療程。許多情況下，治療計畫會包含針對病患情況調配特殊飲食，這可能是在一天之中多次少量進食，並在每次進食時搭配酵素攝取。許多年前，我在一家療養院任職約十年的時間，該處即使用特殊的飲食療法來控制多種慢性與棘手疾病，我因此有機會領略特殊飲食療法合併使用密集酵素療法對這些人類疾病可能產生的顯著效果。

想在家執行完整治療計畫並達到所要求的精確與細節，其實是有困難的。一餐服用一或兩個單位（通常是膠囊）的酵素足以協助食物酵素胃中的預消化，不過這只能算是一種營養補充品，我們只是利用它們取代原本應該存在於食物中但實際上卻沒有的酵素。作為營養補充品的分量並不足以應付許多棘手疾病的療程所需，尤其病患希望盡快獲得成效時更顯得不足。

使用更多單位則需要謹慎的專業監控，有時還必須持續極長的
一段時間。

第七章

生食鮮爲人知的事實

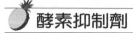
酵素抑制劑

　　我已經挑出一些含有適量熱量與酵素的美味食物，包括生牛奶與奶油、蜂蜜、香蕉、無花果、棗子、酪梨、葡萄及芒果。核果與其他可口的種子、豆類及穀類都含有優質的蛋白質與脂肪，這是大自然為了使其物種可永續繁衍而賦予的，為了履行這項義務，種子還擁有相當豐富的酵素遺產，含量遠比葉片等其他部位還多。

　　由於酵素是一刻都不得閒的活躍物質，大自然必須對其加以抑制，並使其暫停活動直到種子落到地面上，並被土壤充分覆蓋為止。這些控制工具就是所謂的酵素抑制劑，當種子吸收了雨水的濕氣，而且在土壤中找到適合的生長地點，並開始發芽，進而長成一株幼苗，這種抑制劑就會因為種子的酵素而失去效力。

　　我們可以明顯看出，只有種子才需要酵素抑制劑，植物的其他部位並不需要。但這種種子生長所需的物質卻會對把種子當成食物的動物及人類造成問題。一九四四年，印第安那大學的鮑曼（E. D. Bowman）以及內布拉斯加農業實驗站的哈姆（W. E. Ham）與桑德斯泰特（R. M. Sandstedt）發現了種子中的酵素抑制劑，在此之前（大約在一九二〇至一九四〇年之間），許多化學家都在談論種子中「自由的」與「受束縛的」酵素，卻不了解抑制作用的原理。當時已知的是在種子中添加

蛋白質消化酵素可以將其中的酵素從束縛中解放出來，並大幅提高酵素活性，發芽也有同樣的功效。不久之後就發現，添加酵素會使抑制劑失去效力，從而增加酵素活性，當時也判定種子的發芽會中和酵素抑制劑或使其失活。另外，種子中的酵素在新芽長到約零點六公分時活性會到達最高，反之，在**新芽**中卻只發現極低的酵素活性。隨著新芽愈長愈高，種子中的酵素活性卻會隨之減弱，但我們並不了解新芽中的酵素在同時是否增加。我多年前進行這類實驗時，並沒有想過要針對這點進行實驗，我也從未發現過其他做過這類研究的人所發表的報告。

上述資料在以核果作為食物時是極有用的指南。假如你想吃大量生的胡桃、核桃、巴西堅果、榛果或其他核果，你可以選擇連同食物一起吞下酵素膠囊來中和其中的酵素抑制劑，或是先讓這些核果發芽，並透過因發芽而增加的酵素活性來完成其應有程序。

森林中的松鼠有個習慣，牠們會將核果埋在地下，在核果發芽後再將其挖出來當作食物。多年前我曾經餵過我家附近的松鼠一些胡桃，牠們有時會敲碎外殼並吃其中的果仁。但更多時候，牠們會將核果埋起來。幾週或幾個月過後，我會在牠們埋藏核果的地方發現一些空的外殼。顯然牠們是靠著發芽核果的氣味指引才找到埋藏地點。但有些情況下牠們也會失敗，因此該處長出了幼苗。這種共生行為屬於大自然運作系統的一部分。松鼠必定是為了獲得所需的發芽食物才會埋藏這些核果。

樹木也樂於提供松鼠這種食物，以交換讓松鼠幫忙將核果埋在地下，使部分核果有機會長成大樹。

　　許多文獻指出，含有大量酵素抑制劑的飲食可能會對生長中的小雞及老鼠造成損害，這類飲食包括大量的生大豆。烹調大豆可摧毀其中的抑制劑，但也會破壞酵素。如果我們餵成犬吃類似的食物，抑制劑造成的傷害似乎就無法被察覺，我們可能就會因此匆促作出一項毫無根據的推論，即酵素抑制劑對成年人是無害的，但我的個人經驗卻顯示不同的結果。

 ## 個人經驗

　　現在我跟各位談談我個人有關酵素抑制劑的經驗。在一九一八年或前後幾年間，我了解到了高溫可能會造成的破壞，因此滿腦子都在設法避免吃熟食。人體內的腸道長度約為身長的十二倍，而像獅子及老虎這類肉食性動物，其腸道的長度則只有身長的三或四倍。從這點我得出一個結論，肉食性動物腸道較短的原因之一就是為了能迅速處理極易腐敗的食物，當然還有其他原因。由於肉食性動物的腸道比人類短許多，因此我認為生肉並不適合作為人類的食物，而是可用美味的生核果所含的蛋白質與脂肪來取代。就我記憶所及，我曾經在大約兩個月的時間內大量吃下好幾種生核果，後來我的腹部開始感到一種不舒服的沉重感，還有一種極度飽脹的感覺，甚至還有些噁心

感。這些症狀極為明顯，讓我不得不放棄這種頗為可口的食物。任何人若吃下幾顆核果，幾乎都不會感到不適。但各位也必須知道，假如大量食用核果，就會「對胃造成極大的負擔」。種子中的酵素抑制劑即是這種神祕現象的關鍵，但酵素抑制劑直到一九四四年才被確認。

我在一九三二年發現食物酵素時，認為自己是極少數掌握了營養知識中最新及最後真相的人。維生素在被發現時很快就獲得肯定，並被視為重要的營養元素，而礦物質則在長期被視為「灰燼」之後才終於贏得一些尊嚴。我在一九三二年卻讀到一些商業化學家的報告，其中抱怨酵素會導致某些冷凍蔬菜的顏色改變之類的問題，我當時的震驚與沮喪可想而知。由於這些化學家對於食物酵素的營養價值一無所知，只關心產品暢銷與否，因此決定以高溫摧毀酵素來解決這個問題。經過仔細評估後即可明顯看出，酵素存在於所有活的生物中，而且當這些生物被當成食物吃下後，即會變成食物酵素。但直到我發現酵素對高溫的敏感度超乎尋常後，我才了解，自從人類開始烹調食物，就一直設法在缺乏完整食物成分的情況下過活。因此，我不再將一九三二年視為一個可代表營養知識達到巔峰的年代，而開始將其視為營養的黑暗時代。

在我了解食物酵素的知識後，我比以往更要求自己必須盡可能地吃生食。吃核果的經驗導致我在日常飲食中幾乎都不碰這種食物。但當通用磨坊公司（General Mills Corporation）首

創以郵寄方式供應剛研磨好的小麥胚芽給消費者，我訂購了這項服務。小麥胚芽已被證明是一種優良的維生素 B 來源，我也知道小麥胚芽中所含的各種酵素比其他食物更多。我在一九三五年時還不曉得生的小麥胚芽也含有酵素抑制劑，這種物質直到一九四四年才被發現。無論如何，我開始將我吃的早餐麥片改換吃等量的小麥胚芽。這種產品相當美味，但我的食用量卻遠多於一般將其當成維生素補充品時會攝取的量。不到兩個月的時間，我就出現了嚴重的胃腸問題而不得不停止食用小麥胚芽。我再次對事情的變化感到非常不解，幾年後我才發現酵素抑制劑的問題。假若各位將劑量限制在一、兩茶匙，或許就不會出現這些不良影響了。

 ## 澱粉阻斷劑與酵素消耗

在瘋狂節食的美國大眾中，最近正流行的節食方式也許是自被大力宣傳的高蛋白質飲食與食欲抑制藥物（澱粉阻斷劑）以來最危險的。澱粉阻斷劑是種特殊的酵素抑制劑，可阻礙身體對澱粉的吸收。廣告商聲稱節食者可吃草莓酥餅，依舊可以減去體重。但這類看起來極不可思議的減重計畫會產生什麼樣的影響？

我們可以從幾項以摻有胰蛋白酶（蛋白質）抑制劑的飼料餵食成長中的老鼠與雞的研究結果獲得一些結論。這些研究結

果包括胰臟顯著增大、胰臟的酵素分泌大幅增加，並會隨著糞便一起排出而變成酵素廢物、衰弱及無法成長，以及整體健康不佳。我將在本章後面更完整地討論這些研究。

當蛋白質連同蛋白質抑制劑一起被吃下，胰臟分泌的酵素會比未攝取抑制劑時更多。因此我們沒有理由不相信，當同時食用澱粉和澱粉抑制劑，胰臟所分泌的酵素量會比只吃澱粉時更多。攝取任何類型的抑制劑都會導致大量的酵素經由排泄流失。從酵素帳戶進行這麼大量的提領對健康會造成危害。就像前面提過的，已有研究證明，當所有的胰臟酵素從體內排出後，實驗對象在一週內就會死亡。在使用澱粉阻斷劑的情況下，這類影響雖然沒那麼快出現，但仍將大幅縮減壽命。

為了不擇手段地達到某些難以預測的目標，如控制體重，而阻礙身體的正常功能，是極為可悲的做法。有人控制體重的方法是吃一餐豐盛的美食來享受食物提供的愉悅感，接著再以催吐的方式將其排出。這種情況類似暴食症，對身體非常危險。這種做法不僅無法排出多餘的熱量，還會浪費身體為了分解食物而分泌的酵素。實驗動物體內的酵素是經由瘻管排出或由於嘔吐而流失，並無任何差別，結果都是死亡。在人類或實驗室動物的腸道阻塞病例中，都會出現不間斷的嘔吐，繼而造成酵素流失。假如阻塞現象未獲得改善，在一週內就會死亡。

只有時間才能證明澱粉阻斷劑的傷害。不幸的是，無辜的受害者在得知真相之前可能必須犧牲掉體內大量的寶貴酵素。

發芽核果及穀粒

我們可以在發芽核果與穀粒中找到所有我們必需的蛋白質、碳水化合物、脂肪及熱量。全世界都在期待有人能將這些物質變成可口、不經高溫處理，而且又不含酵素抑制劑的食物並推出上市。我想到了一些可行的方法，但我的年齡已經不允許我來完成這項工作。當我在一九三二年開始處理食物酵素的問題，我猜測這個問題在一或兩年內就能得到解決。這個世界急需品質優良的蛋白質及脂肪，而核果就含有這兩種營養。但請勿試圖從這些食物中減去其中所含的酵素，否則你只會得到營養不足的食物。

在市面上若隨時都能買到未加工且美味的發芽穀粒，對我們的健康將大有助益。事實上，已經有人在生產發芽穀粒，但還必須改造得更美味、更容易入口，我們才有辦法生吃。即便這些食物須要冷藏才能維持高品質，注重食物酵素營養的消費者應該會是一塊極大的市場，我就會第一個買來吃。

我們可以利用數百萬英畝的土地來種植生長核果的樹木，在樹木下方及樹與樹之間的土地仍可栽種其他作物或做其他用途。而如此大規模的核果產量將可讓消費者享受到最低的價格。一隻小公牛需要一英畝（約零點四公頃）以上的土地才能產出幾百磅的牛肉，但一英畝種滿核果樹的土地所能產出的蛋白質與脂肪就遠多於這些牛肉所提供的。隨著全球人口增加、

土地減少及牛肉生產的困難，蛋白質供應的問題將變得極為嚴重。醫院及醫療照護設施的增加最終也將到達吃緊的地步。由發芽核果與穀粒所提供的完整酵素營養可對許多疾病的根本病因（假如尚未找出）裝上一個調節閘，並同時解決食物短缺的問題。

我在表 7.1 中匯整了一些有關食物中酵素抑制劑的資料。其中列出了被檢驗過的物質、被抑制的酵素名稱、進行研究的科學家、完成研究的地點及報告發表的年分。

 ## 實驗研究中的酵素抑制劑

一九六八年，肖恩（Y. Shain）及梅爾（A. M. Mayer）兩位科學家在《植物化學》（*Phytochemistry*）期刊上發表了在以色列希伯來大學完成的實驗報告。表7.2及7.3節錄了他們所進行的萵苣子發芽實驗結果。在表7.2中，我們可以看到，隨著胰蛋白酶因發芽漸漸從酵素抑制劑的掌控下解放，酵素活性會大幅增加。胰蛋白酶是一種由胰臟分泌的蛋白質分解酵素，功能是將蛋白質分解成較小的單位，如胺基酸。表7.3則顯示酵素抑制劑會在二十四小時的發芽過程中完全失活。這項證據可解讀成，在發芽造成酵素抑制劑失活的期間，酵素活性會大幅增加。其他科學家則已經證實，對種子添加濃縮酵素也會使抑制劑失活。

表 7.1
食物中的酵素抑制劑

食物	被抑制的酵素	研究人員	年份	大學或研究機構
小麥、裸麥、玉米	澱粉酶	尼恩（Kneen）等人	1946	內布拉斯加大學
蕃薯	胰蛋白酶	索霍尼（Sohonie）等人	1956	孟買科學學院
種子及豆類	胰蛋白酶	拉斯科夫斯基（Laskowski）等人	1954	馬凱大學（Marquette）
大豆	胰蛋白酶	萊門（Lyman）	1957	加州大學
蠶豆	胰蛋白酶	貝納吉（Banerji）等人	1969	孟買科學學院
皇帝豆、蛋白	胰蛋白酶	萊門等人	1962	加州大學
大麥	胰蛋白酶	邁克拉（Mikola）等人	1969	赫爾辛基實驗室
小麥	澱粉酶	米利策（Militzer）等人	1946	內布拉斯加大學
馬鈴薯	轉化酶	史威莫（Schwimmer）等人	1961	USDA
未成熟的芒果、香蕉及木瓜	過氧物酶、澱粉酶及過氧化氫酶	莫托（Matto）等人	1970	印度巴羅達大學（Baroda）
未加工的小麥胚芽	胰蛋白酶	克里克（Creek）等人	1962	馬里蘭大學
蛋白	胰凝乳蛋白酶、澱粉酶	羅斯曼（Rothman）等人	1969	哈佛大學
葵花子	胰蛋白酶	阿格倫（Agren）等人	1968	瑞典烏普薩拉大學（Uppsala）
裸麥	蛋白酶	波蘭諾夫斯基（Polanowski）	1967	波蘭貝斯勞大學（Breslau）
萵苣種子	胰蛋白酶	肖恩等人	1968	以色列希伯來大學
小麥麵粉	胰蛋白酶	利爾蒙思（Learmouth）等人	1963	英國大豆產品公司（British Soya Prod.）

表 7.1（續）
食物中的酵素抑制劑

食物	被抑制的酵素	研究人員	年份	大學或研究機構
花生	胰蛋白酶、胰凝乳蛋白酶	霍奇斯特拉瑟（Hochstrasser）	1969	德國慕尼黑大學
玉米及燕麥	胰蛋白酶	洛倫茨－庫比斯（Lorenc-Kubis）	1969	波蘭弗羅茨瓦夫大學（Wroclaw）
馬鈴薯	胰蛋白酶	索霍尼等人	1955	孟買科學學院
馬鈴薯	胰凝乳蛋白酶	迪茲（DeEds）等人	1964	USDA
大豆	轉胺酶	博徹斯（Borchers）	1964	內布拉斯加大學
未加工的小麥、裸麥胚芽	胰蛋白酶	霍奇斯特拉瑟等人	1969	德國慕尼黑大學
海藻、紫菜	胰蛋白酶	石原等人	1968	營養摘要（Nutritional Abstracts）
烏賊肝臟	胰蛋白酶	石澤	1968	化學摘要（Chemical Abstracts）
蘿蔔子	胰蛋白酶	小川	1968	日本京都大學
全麥麵粉	胰蛋白酶	詩雅馬拉（Shyamala）等人	1961	加州大學

　　由美國農業部加州實驗室布斯（A. N. Booth）及其他三位科學家所組成的研究小組，於一九六〇年針對餵食老鼠生及熟的大豆所產生的不同效應發表了一分報告。一組老鼠被餵食生大豆，結果這些生大豆中的酵素由於豆中所含的酵素抑制劑而無法作用。另一組老鼠則吃不含酵素或抑制劑的煮熟大豆。我將這項實驗的結果收錄在表7.4中。生豆中的抑制劑會阻礙幼鼠

表 7.2
胰蛋白酶活性在發芽期間的發展

發芽時數	胰蛋白酶活性單位
0	7.5
24	60.0
48	257.0
72	333.0

表 7.3
胰蛋白酶抑制劑在發芽期間減少的情形

發芽時數	抑制劑活性單位	乾種子中減少的比例（％）
0	2.07	0
6	0.73	65
15	0.30	86
24	0.00	100

表 7.4
大豆食品對老鼠體重及胰臟重量的影響

食物種類	老鼠的數量	最終體重（公克）	胰臟重量（占體重的百分比）
生大豆	5	89.00	0.85
熟大豆	5	148.40	0.50

的正常成長，並使其體重增加，胰臟也必須過度分泌胰臟酵素
來與抑制劑抗衡並因此變大。這幾位科學家還研究了腸子的內
容物，發現其中的酵素由於都被排泄到糞便中而造成流失。他

們相信，這就是這些動物健康及成長狀況不佳的原因，這也證明了有機體無法忍受體內酵素的浪費。

　　人們曾經在雞及老鼠身上試驗過酵素抑制劑對整體健康、體重及胰臟重量的影響。一九四八年，一組加州大學的研究人員〔包括萊普科夫斯基（S. Lepkovsky）〕就利用雞來進行實驗。表 7.5 即是他們的研究成果。吃含有酵素抑制劑的生大豆的禽類無法長大，體重卻會增加，但牠們的胰臟並未出現發育不良的情形。和另一組吃煮熟大豆（酵素抑制劑已被摧毀）的雞相較之下，吃生大豆的雞胰臟重量（百分比）是吃熟大豆的雞的兩倍以上。這張表即顯示，吃含有抑制劑的食物的雞酵素分泌量會顯著增加，也表示這些珍貴的酵素將會流失。有機體的酵素潛能無法忍受這種損失，因此這些禽類的健康與成長也受到影響。吃下生大豆所含酵素抑制劑的老鼠與雞其實是有病的。

表 7.5
大豆食品對雞胰臟重量與酵素含量的影響

食物種類	雞的數量	餵食天數	體重（公克）	胰臟重量（公克）	胰臟（占體重的百分比）	蛋白酶活性單位
生大豆	19	20	127	1.21	0.96	0.38
熟大豆	19	20	207	0.92	0.44	0.23

　　由這些抑制劑實驗所得到的證據再次證實了，在其他章節所描述的有關以實驗方式將胰液從腸道排出會導致的悲慘後果。

第八章

酵素的救援功能——斷食的奧秘

有些人只要幾餐沒吃就很擔心自己會因此死亡，假如整年都不進食又會如何？一些東方人會以一種我們無法理解的方式對自己的身體進行驚人的控制。英國科學家詹姆斯·奈特（James Knight）在一篇論文〈暫停生命與同類議題〉（*Suspended Animation and Kindred Subjects*）中，就提到東方世界中這種昏迷狀態。進行者會進入熟睡狀態，並可能持續幾天、幾週、幾個月甚至一年的時間。在這段暫停活動期間，既感覺不到他們的脈搏，也幾乎察覺不到他們的呼吸。出現這種昏迷症狀時，如給予調配正確的處方，病患最終會回復正常的日常活動，不會發生明顯的傷害。西方科學無法理解這些昏迷症狀及其他類似的神祕事跡。我舉出這類事實的目的在於激發更多人從事這方面的實驗，將來也許能以科學的角度開啟新的視野及解釋這些現象。英國格拉斯哥的《皇家哲學會會報》（*Proceedings of the Royal Philosophical Society*）上就刊登了說明這些事件發展的報告。

甘地是斷食藝術的策略大師。他的斷食運動使印度民眾團結起來，並達到嚇唬大英國協的目的，因為一般都相信任何人只要錯過幾餐飯沒吃，就會瀕臨死亡。甘地願意以斷食的方式來折磨自己是為了達到印度統一、獨立的神聖使命。甘地也可能是利用斷食來斷絕之前的傳統生活方式。這位深受人民愛戴的領袖每一次進行斷食時，當天的報紙就會以聳動的標題來警告大眾——甘地可能面臨死亡。

現在就讓我們來深入探討這點。我相信甘地是在不知情的情況下實行了一種治療性斷食的養生法。溫暖的印度氣候讓他的體溫不致驟然下降至可能發生危險的程度。體能活動的減少也使他保留了足夠的精力，讓他得以在冗長的斷食期間維持生命。雖然出現某些疾病的症狀，但甘地都安然度過每一次斷食，並重新延續他在這場政治奮戰中的使命。最後是刺客的一顆子彈才結束這位外表虛弱的偉人的生命。

任何人都不得根據以上描述就匆促作出結論，認為他可能純粹是為了好玩才開始斷食，不諳此道者也不應該進行這類嘗試。

短期斷食能夠達到明顯成效的希望極低，而長期斷食只有在有經驗的醫師願意承擔監督責任的情況下才能考慮進行。長期斷食可能多少會引發身體的劇烈變化或是「好轉反應」（Healing Crisis），這些發展必須由醫師審慎評估。假如身體檢查並未發現不正常的生命跡象，而實驗室檢驗結果也印證了相同的判斷，則在繼續斷食並平安度過各種反應之後，可能就可以獲得許多好處。「進行斷食直到舌頭乾淨為止」這句老格言確實是真理，但假如有機體的生命力不足以承受斷食期間的劇變，就必須立刻終止，如果是這種情形，根本不應該展開斷食。一位經驗豐富的醫師在一開始就能對此進行判定。缺乏這方面專業知識或經驗的人如果貿然進行斷食，只會損害自己的健康。

治療性斷食

　　從十九世紀以來，斷食就已經在某些族群中成為一種流行的治療方式。以一種治療性手段而言，這種方法具有某種程度的正當性。在斷食期間，有機體在消化、攝取食物以及排泄廢物等方面的壓力會大幅減少，並只須製造極微量的消化酵素，因此身體將有機會供應所需物質來翻修生理運作中經常被忽略及損壞的部分。據估計，活的有機體體內每天產生的蛋白質中，有50%是供酵素使用，其中有一大部分又是用於製造消化酵素。在斷食期間，就不需要消化酵素，而得以解除某些沉重的勞務負擔，酵素潛能就能加速協助身體的改造。

　　一九二〇年代，我在一間療養院任職，在該院任職期間，我就看過大約五十個治療性斷食的案例。斷食「療法」的**一貫做法**是在一週至最長一個月的期間內暫停進食。斷食期間禁絕所有食物，並在每個用餐時間喝下一杯加了兩茶匙橘子汁的水。對食物的渴望通常會在第二天或第三天後消失，在兩餐之間的間隔時間都只能喝水，剛開始斷食時必須施以灌腸。在長期斷食期間，體能活動會減少。如果在幾週內出現腸胃不適、皮膚疹或瘤塊的現象，可不用在意，並可將其視為「好轉反應」。在斷食幾天後，舌頭經常會覆蓋一層厚厚的舌苔，且可能持續好幾天。

　　傳統上，治療性斷食的目的不在於改善肥胖現象，目的之

一反而是盡可能失去較少的重量。假若體重低於標準值，則禁止斷食。為了預防浪費掉維持體溫所需的能量，在氣候寒冷時也應避免斷食。雖然許多人都自行斷食，但最好還是接受至少一次基本的身體檢查，以判定身體是否有任何禁忌症。在斷食期間，也一定必須要定期接受檢查。

　　我的病患檔案中有一筆是關於一九二五年一月二十八日一位男性病患的就診紀錄。他在進行斷食後的第二十二天來找我，當時他已經很虛弱。他在冬天進行斷食，並且完全是基於他自己的決定。他說他的體重原本約六十四公斤，而他當時的就診紀錄如下：

體重：53.8公斤

脈博：40

心臟收縮壓：84（他說原先是118）

口溫：下午兩點時為34.05℃

舌頭相當乾淨，而且呈粉紅色

口氣無惡臭

心跳聲微弱，但還算正常

　　這位病患已經連續二十二天只喝水，沒有吃任何食物，在這段期間，他還定期進行灌腸。當他試圖恢復進食，他的胃卻無法吸收，最後全吐了出來。由於情況極為嚴重，這位病患顯然須要受到持續照護。於是他住進了療養院，並開始每個小時

喝下滿滿一匙的新鮮果汁，不久之後再改成牛奶。幾天之後，他就能吃正常的食物，也能吸收了。等到平安度過這次的危險後，這位病患聲稱，他原先的上呼吸道「黏膜炎」已經因為這次的斷食改善許多。這位病患接受斷食的原因是為了治療，而非為了減重，他也聲稱症狀確實有所改善。我不相信斷食對他的身體造成傷害。但進行斷食的人還是應該取得專業的指導，以監控身體的功能。

斷食幾天並無法對一種長期病症有多大的改善，可能需要好幾週的斷食才會有明顯的影響。許多情況下，當「好轉反應」或變化期來臨，會出現各種症狀。這些症狀可能包括皮膚發疹、腸胃不適，還會出現口臭、舌苔、胃腸脹氣及噁心。在我於療養院任職期間，治療性斷食者中只有不到一半的人經歷過這類好轉反應（可視為有益的症狀）。沒有經歷這些症狀的人可能會覺得被騙了。負責療養院的醫師曾經在歐洲溫泉中心進行過研究，因此帶回了這種好轉理論。

一般而言，正規的醫學領域從未對治療性斷食有過極大的興趣。對於正統醫學的執業人員來說，可能會覺得不可思議，但我的確看過斷食在慢性病患身上產生的療效。在好轉期時，身體會自我淨化，擺脫某些生理疾病的根源。也許當有機體長期卸除日常勞務之後，即可累積足夠的酵素力來自溶（溶解）一些病理症狀，因為有機體能集中更多強烈的酵素活性來對其發揮作用。

治療性斷食在上一世代中曾一度風行，我們可以從那個時代許多書籍的標題看出這種跡象。著名小說家厄普頓·辛克萊（Upton Sinclair）在一九一一年寫過一本《斷食療法》（*The Fasting Cure*），另一本書《生活的真正科學，健康的新福音，有關大自然法則的演化與疾病治療的故事，寫給醫師與一般人看的書，生病的人如何痊癒、健康的人如何患病》（*The True Science of Living, The New Gospel of Health, The Story of an Evolution of Natural Law and the Cure of Disease, For Physicians and Laymen, How the Sick Get Well, How the Well Get Sick*）則是由喬治·愛德華·胡克·杜威（George Edward Hooker Dewey）牧師於一九〇八年所寫。約西亞·歐菲爾德（Josiah Oldfield）醫師於一九二四年出版的《增進健康與生命的斷食》（*Fasting for Health and Life*）以及琳達·哈扎德（Linda B. Hazzard）醫師於一九〇八年出版的《治癒疾病的斷食》（*Fasting for the Cure of Disease*）也都建議對斷食抱持的期望可比光是減重更多，這些斷食者都希望擺脫自己的疾病。

幾年前，我在雜誌上讀到一篇標題為〈讓你的腫瘤自溶〉的文章，本身為醫師的作者主張身體的酵素活動在某些情況下可能會分解及溶解腫瘤，對此我倒是未曾有過任何經驗。威斯康辛大學的布萊德利（H. C. Bradley）於一九二二年提出以下生理自溶的證據，這些其實都是組織內的酵素活動：

• 哺乳期後乳腺的萎縮。

• 分娩後子宮的萎縮。

• 活動受限後的萎縮。

• 蝌蚪的尾巴在演變成青蛙後的萎縮。

　　假如我的記憶力還可靠，我記得在醫學論文中有過幾個關於腎結石在懷孕期間及其他特殊生理狀態下發生溶解的案例。X光照片顯示，骨折部位多餘的硬皮結構會在適當時機溶解。硬皮結構是由沿著骨折部位堆積的鈣質所形成的，目的在將不同部位「接合」在一起。在骨折痊癒之後，多餘的鈣質即會被再度吸收。這些有助於恢復健康的過程即是生理自溶的現象，並且只有透過酵素活動以及當有機體處於某種特殊的生理狀態才會發生，如果主張長期斷食會使身體呈現這種狀態，也算合理。對於某些我從觀察關節炎及慢性病患者的斷食中所獲得的審慎結果而言，這是最合理的解釋。

 ## 為減重而進行的斷食

　　大約在三十年前，醫師開始願意讓抗拒其他治療方法的肥胖患者進行斷食療法。體重重達二百多公斤的人無法光靠運動來燃燒脂肪，又絕不可能進行費力的體能活動，因此，醫學文獻開始對斷食有多一些了解。以下一系列的斷食案例即是在加

州大學的設施中所進行的。

　　一九六四年的《美國醫學學會期刊》上刊登了一篇關於德雷尼克（Drenick）、斯文賽德（Swendseid）、布拉德（Blahd）及塔特爾（Tuttle）等醫師的研究成果。他們研究了十一位體重介於一百零六至二百四十八公斤之間的病患。這些病患在加州大學的設施中斷食了十二天至一百一十七天不等的時間。每天減去的平均重量將近零點四五公斤。單一斷食期間最大的減重量是在一百一十七天的斷食期中減去五十二公斤。這幾位作者宣稱，一百一十七天是單一斷食期的最高紀錄。這項紀錄發生在一位三十九歲的婦女身上，她原本重達一百四十二公斤。這一組中有許多人患有高血壓或動脈硬化心臟病，在斷食後，血壓都回復正常。這些病患在斷食期間都只攝取水及維生素。

 ## 斷食與關節炎

　　有跡象顯示，斷食能幫有機體去除一些與動脈硬化及關節炎有關的堆積物。大部分情況下，升高的血壓會降低，支氣管症狀也可能會減緩；部分胃腸方面的症狀也可望減輕，並獲得較佳的消化功能，腸子的排泄因此會更加正常；「過敏性」充血及鼻咽部位腫脹的情形通常也可獲得改善。成功的斷食可讓參與者的關節炎獲得明顯的改善，但個人維持斷食的時間卻無法持久至可「治癒」變形的關節炎。

酵素與關節炎

英國曼徹斯特的阿諾·倫肖（Arnold Renshaw）醫師已經利用酵素療法治療了許多病例。他於一九四七年發表在《風濕病年鑑》（*Annals of Rheumatic Disease*）上的報告已經被淹沒及埋藏太久了。倫肖醫師在文中特別註明：「有許多理論不時被提出來說明風濕病的病因。」他補充道，這使得很少人注意小腸的功能，也沒什麼相關研究。「我多年來進行過許多驗屍工作（有時一天多達四或六件），小腸萎縮的發生機率，以及當有系統地打開小腸並檢查全長時其外觀的變化，都使我留下深刻的印象。我獲得的結論是，類風濕性關節炎可能是一種由於無法充分處理蛋白質分解及代謝而產生的缺陷性疾病。尤其值得注意的是小腸部位（不包括皺襞及絨毛），至少是胃的九或十倍，麥基爾大學（McGill University）的馬丁（Martin）及班克斯（Banks）也於一九四〇年證實，乾掉的小腸黏膜是乾胰臟的三至五倍。」

倫肖決定對他自己有關酵素短缺會造成關節炎的理論進行試驗。一家酵素專業公司生產了一種乾燥的腸黏膜酵素萃取物，患有風濕病的人可在飯後吞下此種膠囊裝的酵素，而且每天必須吞服七顆。位於曼徹斯特的安科斯醫院（Ancoats Hospital）私下實施這種治療方式。在七年間超過七百位接受這種酵素治療的病患中，類風濕性關節炎、骨關節炎、肌風濕病（一

種結締組織發炎）的患者都獲得相當良好的療效。有些僵直性脊椎炎（一種導致僵硬的脊椎骨發炎）的棘手病例及斯蒂爾氏病（影響青少年的疾病，與許多關節有關，有時也會阻礙成長）也對這種療法產生反應。在各種類型的五百五十六個病例中，兩百八十三例有大幅改善，另外有兩百一十九例改善程度較不明顯。在兩百九十二個類風濕性關節炎的病例中，有兩百六十四例顯示出不同程度的改善。其他類型的風濕病病例也出現改善的情況。幾位接受治療的斯蒂爾氏病童出現極為良好的反應，另外也經常有罹患骨關節炎的病患反應，疼痛感確實獲得舒緩。

　　研究結果也進一步指出，在剛開始兩、三個月可能不會出現顯著的改善，事實上，疼痛感還可能稍微加劇。患病的時間持續愈久，症狀改善前的停滯期就可能愈長。關節炎病史達五年以上的人可能須要使用酵素膠囊進行六至十二個月的治療，風濕病的症狀才可望獲得明顯改善。然而，假若不間斷地維持治療，假以時日，這類病例即可出現明顯的改善。據倫肖醫師的觀察，沉降速率要趨於正常，需要十八個月至兩年的時間。

　　就我個人以不同種類的酵素膠囊進行治療的經驗來說，對於情況最糟的長期性骨關節炎及類風濕性關節炎出現些微改善所需的時間也和倫肖醫師的發現類似。以生食療法治療這些後期症狀的情況也一樣，這是一種緩慢的療程。但假如罹患這些令人束手無策的疾病的受害者被判定可能只剩五至十年的壽

命，則進行這種緩慢但有希望的療程不是很值得嗎？大量攝取
（如增加每天服用膠囊的次數）也許可以加速這種療程。但大
量酵素療法必須在醫師的監督下進行，且必須先接受血液檢
測，才能判定每天可服用的膠囊數量。每個病例都各不相同，
但並不會出現類似使用可體松（Cortisone）的副作用。使用酵
素治療關節炎的缺點是必須找到有耐心、願意進行長期療程的
醫師，如此才能看到一些成效！

 ## 癌症與酵素

　　就像關節炎一樣，癌症也是一個複雜的問題，如果要使用
酵素療法，也必須有醫療人員的嚴密監督。

　　由於癌症造成無情的死亡率，而且癌症與酵素化學的變化
密切相關，因此癌症成為大量酵素療法的首要目標。目前已有
許多實驗證明，癌症病人的酵素化學會受到嚴重干擾。從「酵
素營養」及「食物酵素概念」的角度而言，以大量酵素療法作
為治療癌症的必要及優先方法是無庸置疑的。癌症組織的檢驗
結果顯示，儘管患者有許多酵素含量都低於正常值，但有些酵
素含量卻高於正常值。長期以來已有多位研究人員針對人類組
織進行過這類檢驗，也有多種酵素被檢驗過。最近更擴及動物
癌症，但對象並非自發性癌症。對研究人員而言，在實驗室中
培養動物癌症極為容易，但如果要找到自發性癌症就很困難。

在探究這些「救援」酵素含量高的原因時,我們必須考慮這些酵素可能代表了有機體對手術、放射線及化療等劇烈療法的反應。

多年來,我一直對癌症的問題非常感興趣,但對於實驗動物癌症研究的性質卻並不滿意。這類研究的目的多半不在於確認癌症的基本成因,反而在於發現暫時抑制癌症的化學複合物,卻無法阻止癌細胞緩慢地持續其致命行動。

哈佛醫學院的諾克斯(Knox)醫師在他的著作《胎兒、成人及長有腫瘤的大鼠細胞中的酵素變化》(*Enzyme Patterns in Fetal, Adult and Neoplastic Rat Tissue*)中卻提出不同的做法。諾克斯在書裡寫道:「對於其他領域中的科學家甚至是生物學家而言,我們仍不知道不同活組織中的基本成分,這是一項令人驚訝的事實。」諾克斯醫師強調,科學應該發展酵素生理學以及酵素解剖學,而這正是我多年來一直致力推廣的理論。他的書中列出了十七種大鼠組織中一百六十一種酵素的濃度(書名中的「腫瘤」一詞指的就是「癌症」)。諾克斯醫師的研究目的在於確立大鼠組織中的正常酵素值。在這類研究背後的一項理論是,假如癌症患者體內有一種或多種酵素的量持續低於正常值,就可針對這些酵素進行補充。用人工方式使實驗室大鼠罹患癌症,接著將其用來測試在控制癌症方面已有顯著效果的癌症療法。這類實驗過程的問題在於,大鼠身上的癌症和人類的癌症並不相同。

◉ 癌症研究中進行酵素試驗的問題

　　大鼠的癌症是用極為極端的方式產生的，例如，將癌細胞注射進大鼠的血液中，或將癌組織植入牠們體內。這種方式導致的癌症和人類身上自發產生的癌症極為不同。假若某一種療法證實對人類癌症有良好的成效，當它被用來治療人工形成的大鼠癌症，卻未能重現同樣的結果，也不能證明什麼理論，因為兩種癌症就像磁鐵的正極與負極一樣，根本是天差地別。

　　這種處理問題的方式並不可靠，因為這些實驗動物無法表現人類的癌症。假如特定癌症組織中的某種酵素在患有人為引發性癌症的動物身上顯示極低的測試指數，由於同一類酵素在罹患自發性癌症的相同人類組織中測試結果可能是正常的，這種情形就可能會完全誤導結果。為了獲得合理性及真正的意義，這種研究癌症的方法必須使用患有自發性癌症的動物，但想找到這類實驗動物極為耗時也不實際。假若將活人身上的癌組織切割下來進行檢驗，勢必會引發爭議，如果這種惡性腫瘤發生在內部器官，則爭議性更大。若對因自發性癌症死亡的人進行驗屍，有時就能發現某些組織中部分酵素值極高的情形，這些就是「救援」酵素，這是根據我自己的理論所定出的名詞。我的理論是，當我們以放射線或外科手術的方式來治療癌症，有機體會產生反應並派遣酵素來修復因這種療法所造成的次要組織損毀。這是我對腫瘤部位酵素值升高的情形所能找到的唯一合理解釋。

　　由於對實驗室大鼠及小鼠進行試驗的結果，使得一些藥物所含的化學物質一再被指控會致癌。一些被檢驗過的家用化學複合物也由於被認為是致癌物質而被禁止販售。癌症研究人員認為自己是在為社會服務，而進行這類的偵查工作也是在盡自己的義務。但各位根據從本書所獲得的知識就可以了解，他們只不過指出了癌症的刺激因素，但不是根本的致病原因。假若身體的化學作用並未遭到根本致病原因的侵害，這數百種刺激原因將無法有效地導致癌症。

　　一個非洲的出水口供應數百種動物的飲水，雖然水很髒，也帶有許多可疑、可能致癌的化學物質，但卻沒有一隻動物因為喝了這些水而生病。這些動物都受到自己優異的身體化學作用的保護，生食方式也使牠們保留了體內的酵素營養，因而能維持生命。假如有一百個人習慣從這種出水口中飲用水，各位想會發生什麼結果？被細菌攻擊的恐懼就會是一個令我們卻步的因素。野生動物在這些情況下為何能保有對疾病的免疫力？遠離人類操控、生活在叢林深處的野生動物竟可倖免於所有人類的退化疾病及難以治癒的病痛。這些生物全都攝取食物中的所有物質，包括食物酵素。另一方面，隨著現代自動化廚房與食品工廠的興起，人類在學會烹調方法及進行無酵素飲食之後，就開始攝取愈來愈少的食物酵素。由於各位已經了解有關「食物酵素概念」的知識，因此可以推斷，假如這些癌症研究人員利用吃天然生食的野生大鼠進行致癌物質的試驗，這些大

鼠可能就不會變成癌症的受害者了。只有當這些大鼠從出生一直到長大都是吃工廠生產的無酵素飼料（完全不含生食），才會變成癌症的攻擊目標。且讓我們對此再深入探討。假若我們不採用野生大鼠，而改以一般的實驗室大鼠來試驗，並餵牠們生食外加一些致癌物質，然後觀察會發生什麼結果。如果還要再進一步實驗，我們可以利用一種工廠食品及致癌物質來餵實驗大鼠，再提供一些酵素補充品，並將這些食物及酵素補充品分成好幾餐在一天之中的不同時間餵食。

我治療癌症完全不用直接攻擊的方式。「酵素營養」及「食物酵素概念」的原則不容許以直接、針對性的方式來治療癌症。適當的療法是設法使消化系統不須製造大量的消化酵素，使酵素潛能有能力製造及輸送更多代謝酵素到腫瘤，並使該部位的酵素化學正常化。想從這種療程中獲得成效，某種程度上必須倚賴癌症患者對「酵素營養」理論的了解及實踐熱誠，對組織已受到嚴重傷害及破壞的癌末患者而言，突破現狀的渴望也能對結果造成關鍵性的影響。

我在前面的章節中曾說明過，我們必須大幅減少過度旺盛的消化酵素分泌，如此一來，代謝酵素的效力才能增加至可發揮功效的程度。完全斷食能在幾天之內將消化酵素分泌減少到極微小的量，這將可幫助酵素潛能有效改造任何與代謝酵素有關的部位。但癌末患者不適合進行須要長時間實施才能獲得成效的斷食方式。

◉ 癌症的酵素療法

　　現在我先將目前為止已說明過的內容簡述一遍。身體為了預防或治療疾病，必須持續補充優質的蛋白質、維生素及礦物質。但從適當的飲食中攝取這些物質仍然不夠，我們還需要專門的技巧，才能將這些物質建造成血液、神經、器官及組織，這就是酵素力──代謝酵素。只有這些酵素才知道如何將蛋白質、維生素及礦物質打造成身體裡的組織。假如我們必須分配許多酵素力來進行消化，而只留一小部分去運作身體，我們就是在為自己招來疾病。這種情況就跟使用一小桶油漆去粉刷整棟房子一樣吃緊。但假若外源酵素可以幫忙消化工作，我們就有大量的酵素力來適當地運作身體、增進健康及預防數不清的疾病。

　　由於並無證據顯示自發性的人類癌症和實驗室動物的癌症是完全相同的，因此也沒有理由不能將大規模的酵素療法直接用於人類癌症，而不用先在動物身上試驗。由於酵素不具毒性，因此和一般具毒性的化療複合物屬於不同類別。假若對實驗室癌症進行大量酵素療法的結果是負面的，極可能會導致大量酵素療法對自發性人類癌症毫無價值的錯誤解讀。假如必須使用動物，也應該使用罹患自發性癌症的動物。

　　我設計出一個包含特殊飲食及大量酵素補充品的計畫，只要在病患的生命跡象會受到定期監測及記錄的醫院，就能適當地執行。這種食物療法可能包括少量多餐及每半小時服用酵

素，因此仔細監控的必要性不言而喻，尤其對癌末症患者更須謹慎。我們可以預期這項特殊的住院醫療計畫成本極為高昂。在這種「酵素營養」的密集療法已得到大量證據之前，期望癌症病患支付如此高昂的費用來試驗其實也不合理，他們多半都已經耗盡自己的資產了。但我相信，假如有錢來支付這種醫療計畫，將會對癌症控制造成深遠的影響，所獲得的效果也將會在各地躍上頭條新聞。我們將不再需要研究大樓，也不須再建造昂貴的實驗室。所有資金將可用於為癌症患者提供服務的醫院開銷。

◉ 擊退過敏症

以下以草莓為例來討論與某些生食有關的過敏症。各位是否曾經因為吃草莓而出現過敏？繼續吃沒關係！但一天只吃一顆就好。沒錯，一天只能吃一顆草莓。假如還是會發癢或過敏，每天就只能吃一小片。當身體可以承受這種反應，再恢復到一天吃一顆草莓。接著再增加到一天兩次、每次一顆草莓。接著是每天三次在飯後兩小時吃。有些人可以從此大幅進步到可一天三次、每次可吃好幾顆草莓，接著還能再增加到一天三次、每次吃一小盤的草莓，而不會出現任何過敏反應。不過，還是有人無法擺脫不良反應的困擾，他們可能還是得勉強接受每兩小時吃一顆草莓、一天八次的情況，並設法在之後再逐步增加數量。解決這種問題需要時間，可能是幾週或幾個月的時

間，才能重新接受這些食物。我們的目標在於激發耐受性，讓我們一次就能吃下一碟的食物，而不會出現任何不良反應。假若發生了某種反應，就表示採用更少量及更多餐的飲食方式會比較適當。同樣的做法也可適用於任何讓我們產生過敏反應的生食。如果經歷所有這種麻煩事只為了吃某一種食物，可能很不值得，但其實還有遠比食物過敏嚴重的事急待解決。對某種生食「過敏」可能是大自然向我們發出的警訊，讓我們知道這種食物的酵素與某種不健康的身體狀況互不相容，而且正準備作戰，以便加以制伏！

這種增加耐受性的系統並不是新的發現。我在過敏症這個名詞被創造出來（大約在一九二四年）的前好幾年就已經對這種系統極為熟悉，這源自我在青澀的十二歲發生過的一次極不愉快的經驗。當時我由於罹患了現在被稱為過敏性鼻炎（充血性）的疾病而痛苦不堪。由於鼻道完全阻塞，我變成「用嘴巴呼吸的人」。在家庭醫師的建議下，我的父母請教了一位在羅希醫學院（Rush Medical College）教書的專科醫師，他建議動手術。我們聽從了他建議的方法。在開刀切除了我的鼻甲骨軟骨後，我每週都必須回他的診所復診，而且持續好幾個月。其中一位醫師會拿起一支頂端包了一團棉球的塗抹器，然後浸在一種神秘的溶劑（腎上腺素？）中，接著插入我的鼻孔裡好幾回。在這麼折騰了好幾個月之後，我終於忍不住詢問要多久才能痊癒。我到現在仍然記得醫生告訴我這種病無法根治時所受

到的衝擊。

回想這段往事，我現在卻相信這段不愉快的鼻甲切除經驗是我一生中最棒的一件事。這段經驗教導我必須小心提防及對諸事保持懷疑，尤其對健康方面的事情。當出現健康問題，我也總是尋求非手術的治療方式。順帶一提，幾年前當過敏的觀念出現，鼻甲切除術就被認為是不理想的處置方式而被淘汰了，但已有數百萬人動過這種無意義的手術。其中一分幫忙將這種紛亂的鼻甲切除術時代劃下句點的報告於一九二五年發表在《美國醫學學會期刊》上。以下就是佩林茲（Piness）及米勒（Miller）兩位醫師在這篇標題為〈過敏症──非以手術能治療的鼻喉疾病〉的文章中針對一些病患的情況所寫下的內容：「這八百三十四位過敏症患者總共動過七百零四次鼻子與喉嚨的手術，但症狀卻未見解除，令他們困擾的過敏原也一直未消失。由於手術次數如此多，所產生難以因應的手術後遺症也會隨之增加，因此我們敦促將過敏症歸類為不應施以手術的呼吸道疾病。呼吸膜的過敏症屬於一種臨床病症。」

在動過鼻甲切除術之後幾年，我發現了如何利用一些與前述方法類似的手段來戰勝過敏性鼻炎，也使鼻膜收縮至可正常呼吸的程度。

我們現在再回來討論皮膚發癢、發熱或起疹的過敏反應。研究這些症狀的方式之一是將其視為身體在必須處理不適合它的食物時由於排斥而出現的表徵。且讓我們用另一種方式來理

解這種病症。這種發癢、發熱及發疹的情形有可能是為了淨化而試圖清除一些不健康物質所造成的？草莓（舉例來說）是否擁有某種可對各種侵入身體的有害基質發揮作用的治療劑（如酵素）？酵素是活性極強的物質，在實驗室中，任一特定酵素都必定擁有自己獨特的基質。澱粉酶就不會對蛋白質發揮作用。假如某種生食酵素在身體中發現自己的基質，它將會對其發揮作用。假若這種基質是一種有害的異物，則酵素反應的產物可能就是某種身體無法忍受的物質。這種情況下，身體可能會設法加以擺脫而透過皮膚將其排除，此作用過程表現在外的可能就是過敏症狀。

◉ 酵素清潔工

　　身體內有各式各樣的代謝酵素，其中包括清潔工酵素。為了建造某種產品，工廠需要各種材料，譬如鋼鐵、黃銅、塑膠等。但假如少了工人，這些材料也無法變成成品。為了指引這些工人工作，還需要工頭。以身體而言，蛋白質、脂肪、碳水化合物、維生素及礦物質就是可利用的材料，而酵素就是工人，荷爾蒙則是工頭。在工廠中，廢料是正常運作的一部分。有一組清潔工會持續進行清理。若是在身體內，清潔工作則是由一種特殊的酵素——清潔工酵素——來負責完成。這些特殊的酵素警察會在血液中四處巡邏，以一種好比在熱帶天空盤旋、負責保持地面景觀健全的禿鷹精神，尋找死亡、活動遲緩

及有攻擊性的物質。我們體內的部分清潔工酵素會出現在白血球細胞中。這些清潔工的功能包括預防動脈阻塞以及預防關節塞滿關節炎的沉積物。假若這些清潔工酵素發現適當的基質，它們就會緊緊抓住，並將其縮小到血液可處理的形狀。假若這些清潔工酵素無法承擔工作量，身體的自然反應就會是將一些廢物經由皮膚、鼻子或喉嚨的黏膜排除，也因此會產生我們熟悉的鼻涕倒流症狀。這當然不是一種好現象，但難道不會比任由「工廠廢料」堆積在動脈、關節或組織中並產生疾病要好一些？這正是電視上藥品廣告誇大宣傳的重點，這些藥品都宣稱可縮小鼻子裡的黏膜。這些毫無療效的藥物可能會造成原有的症狀經由耳咽管被趕到中耳，日後更可能造成耳聾。要證實或推翻這些理論可能需要一大筆錢來進行研究，但不幸的是，這筆錢並不容易取得。

在此同時，何不在可容許的分量內嘗試那些讓你困擾的生食水果或蔬菜。如果可能，最好是將這類食物打成果汁來飲用。利用個人試驗來了解這些食物中的酵素是否無法排出身體的過敏原。舉例來說，假若無法忍受新鮮的柳橙汁，就先嘗試一天分三次、每次喝下大約半茶匙的分量。隨著耐受性的增加，不妨努力增加到每隔兩小時喝一次並且一天喝八次。逐步將劑量增加到一茶匙，接著是四分之一杯，最後則是一天三次、每次喝一整杯。各位應該了解，如果能真正付出努力與耐心進行這套方法，所獲得的報償可能將是身體一些令人非常欣

慰的改變。不用說，當然也只能使用生的、熟透的水果。請務
必了解，當過敏症遠離，體內一些更嚴重的毛病也可能一起獲
得解決。假若我們以這種方式克服過敏的情況，就有理由期望
與過敏發生部位可能毫不相干的某些症狀或身體情況也能獲得
改善。比方說，當我們對某種生食不再出現過敏反應，我們的
肺、胃、鼻子及喉嚨也可能會獲得一些改善。這需要時間來證
實。我曾經看過一些人永遠解除了對某些生食的過敏症狀。但
假若我們又再回復一種令人反感的、營養不均衡的飲食習慣，
某些症狀還是可能再復發。各位可將以上的方法稱作一種療法
或任何你喜歡的名稱。我現在提供給各位的算是遠距離的治療
方式嗎？其實有時甚至在我們經歷了一家好醫院的一長串繁複
檢查之後，還是很難掌握身體的完整狀況，而任何非當面進行
的診療都可能會令人失望，連報紙上的醫師專欄也是如此。但
一般讀者要如何進行這類概念的試驗？假如你能找到一位醫師
來監控你的病情，情況就會理想很多。

◉ 利用酵素治療過敏症的研究

　　有關醫師使用酵素治療許多被認為有過敏原的疾病所造成
的影響，醫學期刊上出現過幾分報告。在其他利用酵素的報告
中，治療目的則在於補充分泌不足的消化酵素。厄爾戈茨（A.
W. Oelgoetz）醫師寫過一篇標題為〈食物過敏的治療〉的文
章，於一九三六年發表在《醫學紀錄》（*Medical Record*）上。

他建議使用整個胰臟製成的粉末（而非胰酶）來治療對某種血液試驗呈陽性反應的疾病。根據他的理論，當血液中的蛋白酶、澱粉酶及脂肪酶低於某個量，而使非水解的食物在血液中累積，就會出現食物過敏的現象。因此當病患的血液檢驗結果並未達到標準，即顯示必須進行酵素治療。吞服胰臟酵素可讓血中酵素值回復正常，未分解的食物微粒會被消滅，而食物過敏的現象也會受到抑制。

這位厄爾戈茨醫師提出的觀念的理論基礎在一九三六年被威斯康辛大學的布蘭得利（H. C. Bradley）及其他人加以否定。由於厄爾戈茨醫師急於說明這種治療方式的效果，因此使用了一種布蘭得利及其他醫師並不接受的實驗方法。但布蘭得利教授指出，這並不是治療結果被認為無效的原因。在評量這些成果時，部分考慮因素也包括了他使用完整、乾燥、粉末狀的胰臟，而不是一般會使用的胰酵素。厄爾戈茨醫師讓經由血液試驗顯示需要酵素的病例使用口服酵素，並獲得了優異的成效。他記錄了以下當檢驗結果呈陽性會出現的病症：

- 慢性血管神經性水腫
- 過敏性濕疹
- 胰臟消化不良
- 過敏性頭痛
- 過敏性嘔吐

- 慢性蕁麻疹（蕁麻疹）
- 過敏性濕疹
- 過敏性結腸炎
- 胰臟乳糜缺乏

　　厄爾戈茨在一九三五年發表了自己在治療一百個過敏症病例中所獲得的經驗。他發現每天必須給予七十五至九十公克酵素才能獲得成效。

　　扎伊切克（O. Zajicek）於一九三七年在一分醫學期刊上發表了一篇名為〈以氧化酶治療婦女的偏頭痛及其他過敏性疾病〉的論文。加州聖塔芭芭拉市波特代謝診所（Potter Metabolic Clinic）的桑蘇姆（W. D. Sansum），似乎是另一位在利用高劑量酵素治療過敏性疾病方面經驗極為豐富的人。他在一九三二年發表了報告〈以舊有及全新類型的消化劑進行消化不良、體重過輕及過敏症的治療〉，其中提出了表8.1中所列出的各種反應程度。桑蘇姆醫師使用了真菌的澱粉酶、胃蛋白酶及胰臟酵素。

　　桑蘇姆醫師強調，使用高劑量的酵素須要專業人員的監督。他也建議，過敏症似乎可歸因於（至少有一部分）吸收了未完全分解的蛋白質分子。

　　我們在桑蘇姆醫師發表的報告中注意到一個有趣的現象，正常體重的人並不會發生任何體重變化；另一方面，低於正常

表 8.1
與飲食有關的健康改善

病例數	改善比例（%）
34例「支氣管氣喘」	88
12例「食物性氣喘」	92
42例「食物性濕疹」	83
19例「花粉熱」	80
11例「腹瀉」	100
54例「正常體重」	維持不變
29例「體重過重」	93
197例「體重過輕」	91
29例「蕁麻疹」	86

體重的人則會增加體重。這種體重增加的情形是可以理解的，因為假若消化酵素不足，消化與吸收食物的功能勢必會受到阻礙。但如果要解釋上表中所顯示的體重過重的人能減去體重的原因，我們就必須假定被吞下的酵素會以不過度刺激吸收力的方式來處理食物。要判斷這是否就是真正的原因，還須要進行更多的研究。以目前來說，我們暫且可以將這種似是而非、難以判定真偽的理論拋在腦後。

〔第九章〕

正視脂肪酶的重要性

心臟病在美國所造成的死亡人數比任何單一問題都要多，也因此，美國花費了數百萬元的研究經費進行了數百項的研究，試圖找出致病原因與解決問題的可能方法。但截至目前為止，卻未發現永恆的答案。醫師對降低罹患心臟病風險最可能的建議是要求病患減少攝取脂肪及膽固醇。但這就是答案嗎？或者，這些烹調過的脂肪性食物中缺乏酵素，才是導致不完全的分解與動脈阻塞的真正原因？

我將在本章探討脂肪酶在控制，甚至澈底改變因血液及動脈中多餘脂肪與膽固醇堆積所造成的心血管疾病的作用。

脂肪酶與心血管疾病的控制

膽固醇是一種極類似脂肪的物質，而且是造成動脈阻塞的主要原因，這種阻塞的症狀稱為動脈硬化症。「心血管疾病」則是一般性用語，泛指心臟及血管疾病。

有些專家像我一樣相信，在一些心血管疾病中，脂肪的代謝功能受到了損害，而其原因甚至可追溯至消化道中脂肪分解的問題。因此，酵素活性（尤其是脂肪酶活性）低落顯然是造成這些疾病的因素之一。

依照生理特性，食物沿著消化道前進的過程中，會由不同的酵素對同一種基質發揮作用。舉例來說，澱粉會由唾液的澱粉酶在胃中進行作用，也會由胰液的澱粉酶在腸道上方作用，

然後再交由腸子的澱粉酶做進一步的分解。我們已經發現，某些蛋白酶產生的最終產物在結構上可能與其他蛋白酶所產生的完全不同。各種不同來源的酵素都可能對活的有機體有益。胰蛋白酶難以分解天然的（生的、未加熱的）蛋白質，但在經胃蛋白酶作用後卻可輕易分解。因此，由外源脂肪酶對食物酵素胃中的脂肪進行分解，可能會使胰臟的脂肪酶產生一種比單獨完成所有工作時更理想的成品。當澱粉分別由胃的賁門部及胃底部的唾液澱粉酶進行分解，脂肪及蛋白質也在食物酵素胃中由外源蛋白酶及脂肪酶進行預消化，經過這些程序後，食物已準備好由胰臟的脂肪酶及胰蛋白酶繼續進行分解了。

在採行巴斯德殺菌法以前，人類可能會攜帶一袋裝有兩、三個三明治的食物外出工作。每一片麵包都被塗上一層厚厚的生奶油，在兩片麵包之間再夾上一塊厚實的肉片。據我所知，奶油中的脂肪酶一定會分解煮熟肉片中的脂肪。奶油中的脂肪酶在午餐時間之前有好幾小時的時間可以溶解、浸入肉片中，並對肉片中的脂肪進行預消化。在飯後，還有更多時間可以讓食物酵素胃中的奶油脂肪酶對肉片中的脂肪進行預消化。未經過巴斯德殺菌法處理的奶油含有大量的脂肪酶。多年前，我和一位醫師有書信往來，他讓病患每週食用好幾公斤農村生產的生奶油，並在牛皮癬的治療上獲得良好成效。格拉布（A. B. Grubb）醫師對奶油中所含的脂肪酶一無所知，他完全是憑經驗來採行這種治療方式。這種類型的脂肪酶魔法可以產生深遠

的影響，甚至能影響膽固醇的代謝作用。過去，當人類以含有
脂肪酶的乳製品維生，膽固醇並未對大眾造成傷害。各位一定
還記得愛斯基摩人習慣食用大量含有完整脂肪酶的生肉及鯨
脂，而我們卻從未聽說他們之中有人曾經罹患過動脈硬化症。
另外，這種缺乏脂肪酶的奶油如今在心血管病理學上被認為是
最碰不得的禁忌食物。

膽固醇與動脈硬化症

　　近來，有關動物性脂肪會提高膽固醇在動脈沉積的可能性
並造成疾病的說法又甚囂塵上，而且有人已經發現清澈的「純
淨」蔬菜油不會提高血中的膽固醇含量。過去五十年中，科學
期刊上有許多報告都宣稱，化學家在自然中發現的脂肪無論來
自何處，都含有脂肪酶。脂肪酶不但出現在人類的脂肪組織
中，在雞、火雞、鵝、大鼠、豬、牛、羊、兔子、狗及海豹身
上的脂肪中也都能找到。在含有豐富油脂的種子（如篦麻籽、
大豆及亞麻仁）、小麥與大麥的種子及屬於真菌的**黃麴菌**中也
能發現。此外，這種酵素也出現在以未經巴斯德殺菌法處理的
牛奶製成的奶油、橄欖、棉花籽及椰子中（但橄欖油、棉花籽
油、椰子油中沒有）。現代人類複雜的情況則和這種大自然表
面的均一性完全不同，人類的情況似乎自成一格。一位歐洲研
究人員指出，人類肥胖及脂肪性腫瘤中的脂肪所含的脂肪酶比

正常的脂肪組織少。

一九六二年，有三位英國醫師決定找出膽固醇會堆積並阻塞動脈的原因。達姆斯（C. W. M. dams）、貝利斯（O. B. Bayliss）及易卜拉斯（M. Z. Ibrahim）三位醫師檢驗了正常及動脈硬化的人類動脈中的酵素。他們發現，所有動脈中被檢驗的酵素都會隨著人類年老及動脈硬化情況的惡化而日漸衰弱。檢驗的酵素種類包括DPN心肌黃酶、乳酸去氫酶、ATP酶、腺苷-5-單磷酸酶（Adenosine-5-Monophosphatase）及胞苷三磷酸酶（Cytidine Triphosphatase），這些動脈中的酵素在發生動脈硬化症時全都會減少。這幾位醫師因此相信，酵素短缺的情形屬於一種容許膽固醇在動脈內壁堆積的機制。一九五八年，由史丹佛大學的皮爾哲蘭姆（L. O. Pilgeram）所進行的血液試驗證明了，動脈硬化症病患血中的脂肪酶會隨著病患邁向中年及老年而日益減少。

魯賓斯坦（Rubinstein）和他的同事於一九六八年在紐約蒙特菲歐醫院（Montefiore Hospital）對患有動脈硬化症的狗進行血液檢驗，此舉猶如在證明動脈硬化並非人類特有的問題。狗也患有許多「人類」疾病並不令人意外，這是因為人們只提供牠們罐裝或包裝好的、經過加熱處理的無酵素食物。這些醫師檢驗了狗血中的代謝酵素——去氫酶與還原酶。他們發現，酵素的含量都很低或甚至極低，在末期病例中的情況更糟。

大約二十五年前，芝加哥市麥可‧瑞斯醫院（Michael Reese Hospital）的醫師針對人類受測者（包括極年老者）的唾液、胰臟分泌物及血液進行了一些相當詳盡的研究。他們發現，大部分的酵素作用會隨著年齡漸增而變得較為衰弱。貝克（Becker）、美亞及尼切爾斯（Necheles）三位醫師還發現，較年長者體內的脂肪酶含量較低，腸道的脂肪吸收能力也較差。他們懷疑，在出現動脈硬化時，脂肪可能會在未水解的狀態下被吸收。他們將萃取自動物胰臟的脂肪酶（酵素）提供給年輕與年老的受測者服用後，脂肪利用的情況都有了顯著的改善。

本書提供了多項證據來證明，當脂肪（無論是動物性或植物性脂肪）與其相關酵素一起被食用，就不會危害動脈或心臟，也不會產生動脈硬化症。

所有脂肪性食物在天然狀態下都含有脂肪酶，烹調或加工過程則會破壞這些酵素。我未曾在食用大量脂肪的野生動物中發現過罹患心臟或血管疾病的跡象。在所有食用脂肪性食物的民族中，如果是以生食的方式來吃這些食物，也不曾出現受這類疾病折磨的事證。

有許多食用動物性脂肪的野生動物都未因膽固醇而生病，歷史上也有許多不同的文明食用大量生的牛奶、奶油及乳酪，仍維持優良的健康狀態，某種程度上也未因膽固醇堆積而造成心血管損害。我們可從以下證據了解獲得這類免疫力的原因，但還須要經過控制良好的動物研究，以及在人類身上進行臨床實驗後才能證實。

◉ 脂肪的大型食用者鯨魚擁有健康的動脈

梅納德‧莫瑞（Maynard Murray）醫師是一位研究科學家，他曾經在偶然的情況下向我提及，他在年輕時是一支探險隊的成員，他在這支隊伍中負責的工作包括解剖數百隻鯨魚。他強調，他在這些鯨魚身上看到的都是健康的動脈，並沒有動脈硬化或膽固醇的病理跡象，心血管系統也完全正常，毫無任何疾病。由於鯨魚的表皮下包覆著一層厚達八到十五公分的脂肪及鯨油（可幫助這些溫血性哺乳類動物隔絕嚴寒海水），因此這項發現非常值得注意。這些鯨魚吞下大量的魚類、烏賊及海豹，而這些食物也提供了豐富的脂肪。我們希望解開的疑問是，牠們如何能這樣大吃大喝而不會受到膽固醇堆積的懲罰？照理說，大量食用動物性脂肪應該會促進膽固醇的堆積。有些鯨魚以小型浮游生物或是飄浮的植物及動物有機體維生，這種鯨魚所攝取的脂肪較少，因為牠們都生活在溫水中，不需要太多脂肪。但生活在寒冷北方海域中的掠食者及被掠食者就需要較多脂肪，而鯨魚會從吃下的每種食物攝取大量脂肪。儘管科學界對於這類基本資料需求若渴，但莫瑞醫師過去也從未將他這項重要的研究結果對外發表，因此我將他的報告收錄在附錄B中。

當我們了解科學家從未能在生活於叢林深處的野生肉食性動物身上發現任何心臟病或血管疾病，莫瑞醫師的發現更受推崇。此外，如同第三章所描述的，在巴斯德殺菌奶及其產物出

現以前，所有人都以含有脂肪酶的生鮮牛奶、奶油、乳脂及乳酪維生，這些人之中有許多都很長壽，且從未罹患心血管疾病。生牛乳是否可能包含了巴斯德殺菌產品所遺失的可保護身體免於膽固醇殘害的物質，也就是使巴斯德殺菌奶及其產品被認為會傷害使用者的膽固醇？

危險營養——缺乏脂肪酶的脂肪

如果想將脂肪與其脂肪酶分開，最方便的方法就是以烹調的方式摧毀脂肪酶。我相信這種高溫調理食物的方式是造成膽固醇惡名昭彰的原因。當脂肪與其脂肪酶分道揚鑣，並且在被吞下肚後經過二、三小時以上還被迫在胃中維持閒置狀態而未發生任何變化，人類消化道中就會開始出現麻煩。儘管唾液的脂肪酶及接下來的胃蛋白酶會在胃中對碳水化合物及蛋白質進行預消化，卻獨缺脂肪酶，也因此，脂肪的分解作用會受到延誤。但如果是生吃脂肪，其中的脂肪酶未受到高溫的破壞，脂肪就能在胃中的酸性強到足以阻礙進一步行動之前，和蛋白質及碳水化合物一起在胃的上半部（食物酵素胃）被分解。

市售脂肪都已經被剝奪了相伴而生的脂肪酶，因此當遭遇人類胃中的鹽酸，就會經歷一場嚴酷的考驗。它可能會留下一個結構性的缺陷，或是被印上某種不想要的記號，使其無法在腸道中被適當地分解。如此一來，當它到達身體組織，也可能

會被不正確地代謝掉。我們必須記住，對動物及人類而言，要阻止含有脂肪酶的脂肪在胃中的第一個小時不被初步分解是不可能的。

我在第一章中已經證明過，甚至連唾液中的澱粉酶（對pH值接近中性的澱粉較能發揮作用）都會在胃的賁門部及胃底部進行將近一小時的分解作用。與脂肪息息相關的脂肪酶與其他食物酵素一樣，其最適合作用的酸鹼值趨近於零，因此，我們可預期這種酵素在食物酵素胃中分解脂肪的時間至少會和唾液的澱粉酶分解澱粉的時間一樣長。這種情形每天都在眾多野生動物的胃中發生，而在烹調時代以前，大自然的演化過程也盡力使其成為人類胃中定期發生的活動，這也許就是食用生脂肪及其所含脂肪酶的人類與動物不會罹患心血管疾病的原因。然而，在受到西方文明影響的民族中，脂肪的分解已經受到干擾。因此，我們有強烈的理由認為，探索這塊前景看好的領域的研究已經被延宕過久了，應該優先取得研究經費。

脂肪酶與健康的愛斯基摩人

在飛機出現以前，與世隔絕的原始愛斯基摩人大量食用生脂肪及鯨油，但他們的健康狀況卻與這種飲食習慣不相符。醫學專家已經確認，大致上來說，愛斯基摩人並未遭受心血管疾病及大部分文明病的侵害。雖然文明社會的侵入已改變愛斯基

摩人的生活方式,幸運的是,我們還留有大量科學紀錄能證明其驚人的健康事實,並說明這些人享有高度免疫力的原因。我在第三章中曾說明過愛斯基摩人的飲食,能夠清楚顯示過去愛斯基摩人生活習慣、方式及身體狀況的資料變得極為重要。

隨同探險隊前往北極圈的醫師發現,愛斯基摩人的健康狀況普遍良好。較與外界隔絕的愛斯基摩人會比那些經常和商人及傳教士接觸的愛斯基摩人更為健康。我想,第三章中所引用的研究人員說法最能闡明此要點。

一九二六年,麥克密蘭北極探險隊(Macmillan Arctic Expedition)的成員威廉・A・托馬斯醫師曾寫道:「愛斯基摩人完全以肉類及魚類維生,食用的方式通常也偏好生食。我們對這些人進行檢查,以便了解其腎臟及血管方面的疾病。檢查結果明確顯示,在一百四十二位接受檢驗的成年愛斯基摩人中,血管疾病或腎臟病並不普遍。這些人的生活方式包含大量的體能活動,他們必須待在獨木舟上好幾個小時甚至幾天幾夜的時間,也經常連續航行二十四或三十六小時的時間而無法休息或進食。他們時而大吃大喝,時而又必須忍饑受餓。在這種生活條件下,純粹肉食性的飲食方式竟沒有讓他們容易罹患腎臟與血管方面的疾病,我相信再也找不到其他更好的推論了。」而對這一百四十二位年齡介於四十至六十歲之間的成年人測量血壓的結果,平均收縮壓為一百二十九,平均舒張壓則為七十六。收縮壓測量的是心跳強度,舒張壓則是動脈抗性的指標。

當動脈出現部分阻塞的情形，對血流量（血壓）的抗性就會增加，使得心臟必須更用力地收縮。雖然這些愛斯基摩人並未完全與文明世界隔絕，他們的健康狀況卻都極為優異。

　　托馬斯醫師將格陵蘭北部受到丹麥政府支持保留其原始生活方式的愛斯基摩人優異的健康狀況，與散居北極圈各處的拉布拉多愛斯基摩人（Labrador Eskimos）的健康狀況進行對照，後者的健康情況相形之下就顯得較差，這些人多年來都和莫拉維亞差會（Moravian Mission）及哈得遜灣公司（Hudson Bay Company）往來。不幸地，拉布拉多愛斯基摩人已經背離其原始的生活方式。由於木材資源極為豐富，因此他們習慣烹調食用的肉類。隨著幾種疾病的出現，當地令人憂心的情況日益嚴重。成年人中，尤其是年老的捕鯨者及探險家，普遍都有出現風濕痛、關節僵硬及疲累的毛病，這類病痛似乎是他們特有的災難。

　　彼得‧海因貝克（Peter Heinbecker）醫師是一九三一年加拿大北極探險隊的成員之一。他進行的檢驗結果顯示，愛斯基摩人擁有可將脂肪完全氧化的驚人力量，這點可由他們斷食時尿液僅含少量丙酮獲得證明。尿中含有丙酮即表示患有酮病，這是一種可能由高脂肪飲食引發的中毒狀態。有鑑於當地脂肪的攝取量，海因貝克醫師對自己的這項發現似乎很驚訝。

　　蒙特婁總醫院代謝科的拉賓諾維奇（I. M. Rabinowitch）醫師在一九二五年時曾經和加拿大東北極圈巡邏隊一起搭上一艘

名為納索皮（R. M. S. Nasopie）的巡邏船。他拜訪了哈得遜灣附近和商務交易站距離不等的各個愛斯基摩部落。他特別留意每個部落與文明社會往來情況，包括麵粉的引進。他發現，在已經放棄其原始飲食方式並以損害性飲食來取代的部落中，疾病較為盛行。在較北方的部落中，當地人與商人的往來較少，而且仍然採行原始的飲食方式，則未發現動脈硬化症的蹤跡。在極南端的區域，當地的原住民已接受部分白人的生活方式，這位醫師就發現「動脈硬化症極為常見，由變厚的橈動脈及扭曲的顳血管可資證明」，另外也發現了血壓升高的現象。

　　拉賓諾維奇醫師也檢驗了三十四位愛斯基摩人的尿液及血漿。他發現他們血中的平均氯化物含量高於文明生活的人，但尿液中的氯化物含量則相當低。在尿液中只發現極少量氯化物的情形並不令人意外，因為原始愛斯基摩人非常不喜歡在食物中加鹽（氯化鈉），偶爾收到訪客贈送的鹽時，他們多半會保留起來，並轉送給下一位來訪的白人。不過，血中氯化物的含量高倒是極為特殊的情況。不用鹽的愛斯基摩人和毫無節制使用食用鹽的白人相較之下，血中的氯化物含量卻比較高。生食中所含的完整礦物質代表了較佳的健康，從食物及藥物中分離的「純粹」礦物質則代表了相反的情況，正式的化學理論必須注意這一點。由拉賓諾維奇醫師所檢驗的尿液中，沒有一件含有糖分或丙酮。尿中未出現丙酮即表示，愛斯基摩人利用脂肪的能力不同於一般人，這種能力也許可歸功於愛斯基摩人生食

的脂肪中所含的脂肪酶。

　　厄克特醫師在加拿大西北地區一塊約九萬平方哩的區域行醫約七年的時間。這塊區域散居有四千名左右的愛斯基摩人及印第安人，雪撬狗隊、船及飛機都經常到訪此地。「愛斯基摩人的驚人之處在於其飲食中的脂肪含量極高而且幾乎完全不含碳水化合物。他們的飲食內容幾乎完全由脂肪及蛋白質組成，包括北美馴鹿、熊、海豹、鯨魚、魚及海豹與鯨魚的脂肪和油脂。」厄克特醫師曾於一九三五年發表在《加拿大醫學會期刊》（*Canadian Medical Association Journal*）的論文中這麼說。他未曾在愛斯基摩人或印第安人中發現過任何惡性腫瘤的病例。他分析過數千分尿液樣本，主要是為了檢驗糖尿病及腎臟疾病。

　　即便有以上證據，我們對於脂肪酶有助於原始愛斯基摩人免受膽固醇侵襲的說法，剛開始可能仍是抱持懷疑的態度。我們也許想將這種免疫力歸功於愛斯基摩人所接觸到的嚴酷而寒冷的氣候。但斯德凡森（V. Stefansson）及唐納‧麥克米倫（D. B. MacMillan）等曾與愛斯基摩人共同生活極長一段時間的專家都同意，由於常年燃燒海豹油燈，愛斯基摩人的永久性住所都維持在26℃至32℃之間的熱帶溫度，偶爾還會更高。住在這種屋子裡的愛斯基摩人及白人會大量流汗，因此都被迫必須打赤膊好幾個小時，並持續飲用由溶雪製成的水來補充水分。有些專家認為，這種情形抵消了因大量食用肉類而可能造成的身

體負擔。當外出工作或遠行而必須暴露在室外溫度下，愛斯基摩人會穿上毛皮製成的衣物，因此身體能夠獲得有效的隔熱保護，也免除了嚴寒氣候的影響。這幾位專家都同意，攝取高熱量的食物，再加上適當的衣物，使得愛斯基摩人能夠在這種氣候下一直都生活得舒適自在。

假若愛斯基摩人的生食方式與他們良好的健康狀況以及對疾病的免疫力沒有任何關聯，那麼對於生活在相似的氣候條件下，但由於較鄰近白人社區而普遍食用多少經過烹調的食物的愛斯基摩人，健康狀況不但較差而且出現眾多疾病的情形，我們又要如何解釋？

脂肪酶與消化

當脂肪酶可在連續幾個階段中發揮作用，我們的身體將可獲得最大效益。胰臟的脂肪酶在鹼性範圍內活性極高，而食物脂肪中的脂肪酶卻是在酸性範圍內活性較強。假如食物中的脂肪只接觸到胰臟的脂肪酶，即無法經歷連續的基質變化，但假如脂肪先在胃的賁門部由食物酵素加以分解，就能夠經歷這種變化。我們無法排除以下的可能性：當酸鹼值特性各不相同的多種酵素能夠在連續幾個階段中對基質發揮作用，其成品的特性會更有利於之後的代謝作用。脂肪與其內含的食物脂肪酶之間的交互作用每天都在無數動物的消化道上半部上演，我已將

這個部位命名為「食物酵素胃」。人類的情況極為獨特，我們食用的是已經失去脂肪酶且有礙食物酵素分解作用的熟食，這種獨特的飲食習慣可能正是使膽固醇成為禍根的決定性因素。研究需要大量經費，而假如我們對最終證據的需求如此急迫，就必須付出這種代價。研究結果可能會向我們證明，我們只要將脂肪酶裝在膠囊裡吞下去，就能終結我們的膽固醇煩惱了。

年老及動脈疾病中的酵素變化

　　科學界已經了解有多少酵素負責照顧動脈以及這些酵素的運作機制了嗎？科學期刊已經報導了好幾年有關動脈中的代謝酵素在保持正常運作上遭遇困難的情形。首先我們可以檢查消化酵素是否能隨著時間的推移而維持其狀態。美亞、戈爾登、施泰納（Steiner）及尼切爾斯於一九三七年發表的報告中提到，一群由十二位平均年齡為二十五歲的受測者所組成的團體，其唾液中的澱粉酶含量會比一群由平均年齡八十一歲的二十七位受測者所組成的團體高出約三十倍。美亞、斯皮爾及紐威特於一九四〇年檢驗了一組年齡在十二至六十歲之間的三十二位人類受測者以及一組年齡在六十至九十六歲之間受測者的胃蛋白酶及胰臟酵素。結果發現，較年輕那一組的胃蛋白酶及胰蛋白酶比較年長的那一組多出四倍，但較年長那組的脂肪酶只稍微少一些。貝克、美亞、尼切爾斯等三位醫師發現，較年

長者胰液中的脂肪酶含量相當低，腸子的脂肪吸收速率也極為緩慢。這些發現令人不禁懷疑，在動脈硬化的過程中，有些脂肪可能會在未水解（未分解或只有部分分解）的狀態下被吸收。研究人員讓年輕及年老受測者服用脂肪酶，之後證明在脂肪利用方面有了顯著的改善。其他還有許多報告指稱，較年老者的動脈由於一直設法在酵素過少的情況下運作，因此已受到多年的折磨。狀況不良的動脈會以兩種方式傷害心臟：心肌中阻塞的動脈會停止對心臟輸送血液，因此會導致心臟病發作；其他部位的硬化動脈則會令心臟負荷過重，進而導致高血壓及中風。

　　美亞、索特及尼切爾斯在一項一九四二年的研究計畫中檢驗了血清酵素。在一組平均年齡為七十七歲的受測者中，檢驗出的血清脂肪酶為1.5個單位，但在另一組平均年齡為二十七歲的受測者中所檢驗出的血清脂肪酶卻有2.04個單位。不過，兩組血清中的澱粉酶含量卻無不同。本哈德（Bernhard）於一九五一年分別檢驗了正常、高血壓及動脈硬化的男性及女性成年受測者，結果發現，患有高血壓及動脈硬化症的男性血清酵素都低於正常值，但女性則都正常。馬爾科夫（Malkov）於一九六四年也發現：「年老的大鼠及兔子的主動脈中脂蛋白脂肪酶活性都分別比其同物種的年輕動物低許多。」對動脈硬化症具有抵抗力的大鼠主動脈脂蛋白脂肪酶活性約是兔子的兩倍，而兔子素以容易罹患動脈硬化症的惡名著稱。

柯克（J. E. Kirk）醫師曾於一九六九年出版過一本有關動脈壁酵素的巨作《動脈壁的酵素》（*Enzymes of the Arterial Wall*），在這本書中，光是表格部分就涵蓋了針對九十八種酵素所進行的二萬七千二百分檢驗報告。這些檢驗結果分別收錄在二百七十八分表格中，其中一分表格介紹了一百三十一例主動脈及冠狀動脈的動脈硬化症，而其中有四十九例顯示酵素活性降低，十八例顯示酵素活性升高，另外六十四例則顯示酵素活性不變。柯克醫師表示：「長期的酵素研究將讓我們有機會確認一些與動脈硬化症有關的局部代謝因素。目前正在進行的酵素研究讓我們對最終的成果充滿希望。」

曾普尼（Zempleny）於一九七四年寫過以下評論：「有硬化問題的動脈中，大多數酵素的活性會出現重大改變，但對後期損害的研究卻未證明關於這類活性改變是在動脈硬化之前發生的或是因疾病發展而產生的。」由此我可以做出一個結論，在動脈疾病中，動脈中的酵素活性的確只能算是一種被迫做出的反應機制——臨時的防禦手段。在這分論文中所介紹的證據評估足以證明，動脈硬化症的根本原因可歸咎於消化道中的脂肪消化不良，以及吸收了有缺陷的脂肪性食物。

血中的部分脂肪酶來自生食

生理學家霍瓦斯（Horvath）於一九二六年曾寫道：「由於

許多蔬菜及動物性食物中都含有脂肪酶,因此我們認為,這類食物中的脂肪酶應該也是活的有機體體內脂肪酶的來源之一。」為了檢驗這種理論,我們必須先判定一個爭議性的主題──小腸黏膜是否可吸收酵素。為了證實這點,我們將含有脂肪酶的生大豆拿來餵兔子,結果其血清中的脂肪酶含量真的上升了。接著我們再進行測量,以確保大豆的脂肪酶確實已被吸收,以及並不是因為大豆脂肪刺激了內源脂肪酶的分泌才使血清中的脂肪酶含量攀升。另外一分令人驚訝的報告則是出自一分德國醫學期刊,該報告宣稱,從有肥胖問題的人身上及脂肪瘤取出的脂肪組織,其中的脂肪酶含量都低於正常值。

精製蔬菜油會提高癌症死亡率

全世界都試圖藉由減少攝取所有種類的動物性脂肪(包括乳製品)或是完全不攝取來控制心血管疾病,於是許多專家經常推薦以高度精煉的蔬菜油來取代動物性脂肪。這些清澈無雜質的脂肪性產品卻和純淨的調味用白糖同樣缺乏某種營養,而這個缺點還是造成白糖多年來為人所詬病的原因。任何分離、精製的殘骸食物都必然將對活的有機體造成深遠的危害,這點由人類營養的發展史即可看出端倪。

當我們讀到標題為〈飲食中多元不飽和脂肪含量高者的罹癌機率〉的報告,也不須太過大驚小怪了。為了確定以蔬菜油

取代飽和脂肪的飲食方式所產生的功效，洛杉磯地區的大學及退伍軍人管理局聯手進行一項為期八年的臨床實驗。這項實驗的對象包括八百四十六位在公立醫院住院的男性病患，其中半數被提供一種含有精製不飽和脂肪的飲食，而另一半的人則吃一種包括奶油在內的普通脂肪飲食。食用不飽和、精製脂肪的人血中膽固醇含量較低，因心血管疾病死亡的人數也較少——四十八人（另一組為七十人）。在進行上述飲食試驗八年之後，卻出現了一項意料之外的結果，在四百二十三位食用精製脂肪的受測者中，有三十一位死於癌症，而食用部分動物性脂肪的四百二十三位受測者中，卻只有十七位死於癌症。在一場於一九七一年舉行的記者會中，這項計畫的設計者——加州大學的皮爾斯（M. L. Pearce）及戴頓（S. Dayton）兩位醫師提出警告，建議大家應減少使用膽固醇及精製油脂。

 ## 對酵素研究投入的努力

在食物酵素獲得認可而被用於控制人類疾病之前，我們還需要大筆經費才能進行涵蓋整個酵素營養範疇的研究。舉例來說，脂肪酶萃取物的最佳使用劑量必須經過實驗後才能確定。我們已經發現，某種類型的脂肪酶乾燥粉末在胃的第一部位可作用較長的時間。患有動脈疾病及因此而血壓升高的人可吞服脂肪酶膠囊來對抗膽固醇的不良影響，但服用數量及次數卻必

須進一步判定。只有醫院及附屬於大型醫療機構的診所才有能力在合理的時間內治療夠多的病患，從而公平地評斷此類計畫的成效。另一種實驗方式是在實驗動物身上培養動脈硬化症，接著再對其詳盡地進行脂肪酶萃取物的試驗，以期了解這類物質對血壓及膽固醇堆積有何影響。這種大型研究需要的無非是更多經費的挹注。

附錄 A

酵素、土壤與農業

　　科學家如今以土壤中的酵素含量來評估其價值，這些酵素值和我們的營養及健康品質直接相關。部分技術人員偏好探索去氫酶，也有人有志於研究澱粉酶、脲酶、天冬醯胺酶、纖維素酶、轉化酶、磷酸酶、肌醇六磷酸酶、蛋白酶、蔗糖酶或聚木醣酶。我們都知道，土壤中的微生物作用對植物的生長極為重要。全世界都開始意識到酵素對土壤生命（土壤的生物性活動）的重要性。植物就像動物一樣，需要酵素才能茁壯。儘管土壤細菌所含的酵素能幫忙補充這種需求，但優質的土壤本身也含有大量的酵素。在評估土壤酵素的重要性時，有人可能會提到在歐洲極受歡迎的泥巴浴療法。蘇俄生化學院（Russian Institute of Biochemistry）的比利揚斯基（F. M. Bilyans'kii）就表示，一般都將泥巴的治病功效歸因於其中所含的過氧化氫酶。

　　在與土壤的豐富營養有關的證據中，我們不應該忽略了蚯蚓所提供的酵素。達爾文就對這種小蟲在增進土壤營養方面所扮演的重要角色有深刻的了解，並針對這個主題寫過一篇論文。蚯蚓在地底下到處鑽探的同時會吞噬土壤，並吸收其中有用的物質當成食物，這些物質在通過蚯蚓的身體後，殘餘物會

以鑄型排放出來，其中含有極珍貴的蟲類酵素。這些小蟲就像其他動物一樣，會持續攝取酵素並排到土中，由此也捐贈了一筆免費酵素給土壤。富含蚯蚓鑄型排泄物的土壤對有些園藝家而言，非常適合用來栽植珍貴植物。這種土壤有助於培植高級的植物性食物。蚯蚓不僅能增加土壤中的酵素含量，也能發揮鬆土的功能，讓水和空氣可更深入其中。多年前，我就目睹過常見的夜間爬蟲**大蚯蚓**（*Lumbricus terrestris*）嫻熟地發揮其再循環的專才。在秋天時，我們將落葉儲存在大木桶中，隔年春天來臨時，我會在蟲穴表面撒上薄薄的一層落葉。這些蚯蚓會在夜裡爬出來，狼吞虎嚥地吞下這些落葉，幾天之內就能將這些葉子一掃而光，此時我就須要再鋪上更多的落葉。雖然蟲穴很小，但前一年秋天留下的落葉卻能利用這種方式完全清除乾淨。之後這個蟲穴中的土壤就能再度用在花園中。

人工合成的無酵素肥料不過是在十九世紀中期才發展出來，在此之前的數千年，農夫一直都使用富含酵素的糞肥。而在農業出現前的遠古時代，土壤一向都接收無數動物與禽鳥排出的新鮮尿液及糞便，當時有數百萬頭動物聚集而成的廣大牧群在地表上自由漫步，數量龐大的鳥群也遮蔽了整個天空。而根據大自然的計畫，這些生物全都會在土壤上撒下牠們滿載酵素的尿液及糞便，使土地肥沃。當這數百萬頭動物死亡，屍體也會留在地面上，土壤便能承接其大方分享的酵素。任何一位生理學家都將證明，這些動物及人類的廢棄物富含因正常耗損

而產生的酵素。雖然這些酵素的品質可能不夠好，因此無法留在有機體體內，但其價值在數千年來卻已獲得證實。

許多國家的科學家已在土壤中發現大量的酵素資源（相對於細菌所含的酵素）。數千年來，農夫都利用糞肥來施肥。由於糞肥是由尿液、糞便及稻草製造而成，因此是一種酵素肥料，也是免費酵素的絕佳來源。當然，如果我們將糞肥堆積起來置放數個月，並任其一再地泡在雨水中，部分酵素確實會被沖掉而流失。我們有什麼權利否定這些酵素對土壤的貢獻，並潑撒人工合成的無酵素肥料，同時還堅信這種肥料也一樣好的謊言？

這種不含酵素的肥料取代了虛弱的蔬菜以及其他植物性食物，建構了一個隱匿的臨床前環境——生病前的「病態」。有毒的農藥無法挽救引發這種狀態的低落生命力，這種噴液會殺死植物掠食者，因此也能預防蔬菜、穀物及水果被真正的疾病摧毀。每一位農夫都知道自己的作物生命力降低了，因此必須以毒藥殺死這些作物的掠食者，否則這些作物在田裡就會被毀滅。現代的作物若缺乏毒藥的協助，就無法生長。只要想到我們全都食用這種近似生病的食物，就令人不寒而慄！家畜也吃這種食物，當我們食用肉類、家禽及乳製品，也會同時接收牠們容易生病的體質。這種蔬菜及動物性食物的虛弱狀態可能是造成許多嚴重人類疾病的因素之一。

「適者生存」是數百萬年來大自然盛行的法則。最羸弱的

植物及動物會滅亡，而最有活力及健壯的生物則可存活下來繁衍物種。由於現代許多學說的影響，我們最近已經開始重視獅子、狼及老鷹等掠食性動物並不再傷害牠們，如今我們會保護這類動物，視其為大自然計畫中不可或缺的一環。但我們却一直被教導植物掠食者注定該死，這真是雙重標準。我們已經受到制約，因此認定這些土壤中肉眼可見的微小保健官不像大自然的掠食者一樣，身負摧毀虛弱植物及維持植物世界高健康標準的責任，而是像害蟲一樣，必須以任何可能的方式加以殺死。學生也受到引導而相信大自然犯了一個錯誤。直到多年前人工合成的無酵素肥料出現以前，弱肉強食的法則還是多少被容許應用在動物及植物兩種世界中。但合成酵素出現後，一夕之間，植物再也無法自立更生了，不僅開始遭受攻擊，還受到眾多疾病的折磨，但使用酵素肥料時，這些病並未對這些植物造成真正的問題。為了使作物能夠生存，農夫必定會全面使用強效農藥，這項事實也印證了我們所吃的食物其實是不幸的弱者，完全達不到「適者生存」所要求的標準。我們忽視了大自然法則，並利用毒藥來摧毀植物掠食者，對於促進了「不適者生存」的情況，還似乎毫無愧疚之意。

附錄 B

梅納德・莫瑞醫師的研究貢獻

莫瑞醫師是佛羅里達州一所大型州立醫院——陽光之地（Sunland）的醫療總監。他是《大海能量農業》（*Sea Energy Agriculture*）一書的作者，也在科學期刊上發表過多篇文章，此外，他還是一位眼科及耳鼻喉科的專科醫師。

 前言

　　在我與莫瑞醫師的一次會談中，他不經意地提到一些具有高度啟發性的研究發現，這些發現對健康及疾病都具有深刻的意義。因此我問他，他在哪些期刊發表這些發現，這才驚訝地發現，這分珍貴研究未曾被發表過。我向莫瑞懇求，這個世界對這類資訊的需求極為殷切，他於是大方地同意整理及寫下這些資料，並交由我收錄在本書一起出版。

　　第一分珍貴的報告是有關給予五位癲癇患者口服的植物蛋白酶、澱粉酶及脂肪酶膠囊來進行治療，並判斷其對血中含鎂量及腦波所造成的影響。

　　莫瑞醫師在第二分報告中則提及有關參與鯨魚及海豹解剖

的情形，他因此發掘了一項驚人並引發諸多質疑的真相，也就是儘管這些動物由於身處惡劣的生活環境，因而必須毫無節制地攝取脂肪，但牠們的動脈竟然都十分健康，而且完全沒有膽固醇堆積的問題。我們必須解答一個重要問題——為什麼這些溫血動物能夠吃下大量脂肪卻不會產生後遺症，而我們卻會受到動脈硬化症的懲罰？為了保暖，鯨魚和海豹的皮膚下需要有厚厚一層具隔熱作用的脂肪，因此，牠們理應是動脈硬化症的頭號候選人，但牠們卻沒有這方面的毛病。以下就是莫瑞醫師針對上述兩分報告親自寫下的摘要。

 ## 癲癇症的酵素療法

各位將在以下看到五位病患的記錄表，這五個人血中的含鎂量都很低。他們已接受了至少五年癲癇症的治療，但卻一直未見起色。在以酵素進行治療的三個月內，這五位患者血中的含鎂量卻都恢復正常。

各位也將看到這五位病患的EEG（腦波）測量結果，在五位患者中，有四位顯示腦波變化有所改善。這當然是一個極小的群組，但由於改善幅度明顯，這種療法應該被提供給更多人使用：葡萄糖酸鎂（Magnesium Gluconate）的劑量是一公克，一天服用四次。另外在每天三餐飯後服用酵素，每次兩顆膠囊。我希望這項資料能對各位有所幫助，也會引發各位的興趣。

酵素療法的效果

病患名	血中含鎂量		EEG 日期	EEG 日期
	1979/10/18	1980/1/14		
布蘭達（Brenda C.）	1.25 mEq/l	1.42 mEq/l	3-25-77	1-11-80
桑德拉（Sandra H.）	1.18 mEq/l	1.33 mEq/l	5-31-79	1-10-80
威廉（William H.）	1.30 mEq/l	1.50 mEq/l	10-29-76	1-10-80
詹姆斯（James M.）	1.26 mEq/l	1.53 mEq/l	5-22-79	1-10-80
瓊‧麥克（Joan McC.）	1.24mEq/l	1.35 mEq/l	10-21-77	1-11-80

針對 EEG 檢測結果的分析

布蘭達：相對來說並無變化。目前的結果顯示，功能較一九七七年時所檢測的還好。
桑德拉：與前一次紀錄比較起來，的確顯示出部分改善。
威廉：此次紀錄中並未發現之前提及的實際發作情形，並確實表現出顯著的改變。
詹姆斯：較之前的紀錄有些微改善，但變化不大。
瓊‧麥克：從上次紀錄以來變化極小。

鯨魚及海豹體內的脂肪

在一九四二至一九四五年之間，在芝加哥阿徹丹尼爾斯米德蘭（Archer Daniels Midland）公司贊助的一項計畫中，有九百至一千頭抹香鯨在秘魯被解剖。在這些動物身上進行的病理研究只包括惡性腫瘤、動脈硬化症及關節炎，結果卻完全沒有發現這些毛病。我們也測量了這些動物的胸腺大小：屠體的重

量約有三十六至四十五公斤。儘管由這些腺體取出的顯微鏡切片並沒有很多，但被檢驗的組織全都顯示功能良好，而且也未被脂肪或纖維性組織所取代。在顯微鏡下也看不出冠狀動脈有任何動脈硬化症的跡象，主動脈也沒有。鯨魚體內大約有二十公分的飽和脂肪，但沒有動脈硬化的情形。

　　在阿拉斯加的阿留申群島（Aleutian Islands）外海，約有三千頭海豹被屠宰以取得其毛皮後讓我們進行解剖。我們並未發現任何惡性腫瘤，在牠們的動脈及關節中也未出現任何病理現象。我們解剖了約三十頭在加拿大東岸外浮冰上遭到宰殺的小豎琴海豹。這些動物也未顯示出上述的病理現象。

梅納德·莫瑞醫師

Note

Note

Note

Note

國家圖書館出版品預行編目資料

酵素全書：吃對酵素，掌握健康、抗老、瘦身
關鍵力／艾德華‧賀威爾(Edward Howell)作
；張美智譯. -- 初版. -- 新北市：世茂出
版有限公司, 2023.08
　　面；　公分. --（生活健康；B505）
　　譯自：Enzyme nutrition : the food enzyme
concept
　　ISBN 978-626-7172-50-6（平裝）

1.CST: 酵素　2.CST: 營養　3.CST: 健康法

399.74　　　　　　　　　　112007665

生活健康 B505

酵素全書：吃對酵素，掌握健康、抗老、瘦身關鍵力

作　　　者／艾德華‧賀威爾（Dr. Edward Howell）
譯　　　者／張美智
主　　　編／楊鈺儀
封面設計／林芷伊
出 版 者／世茂出版有限公司
地　　　址／（231）新北市新店區民生路 19 號 5 樓
電　　　話／（02）2218-3277
傳　　　真／（02）2218-3239（訂書專線）
劃撥帳號／19911841
戶　　　名／世茂出版有限公司
　　　　　　單次郵購總金額未滿 500 元（含），請加 80 元掛號費
酷 書 網／www.coolbooks.com.tw
排版製版／辰皓國際出版製作有限公司
印　　　刷／世和彩色印刷股份有限公司
初版一刷／2023 年 8 月

I S B N ／ 978-626-7172-50-6
定　　　價／ 400 元